과학 교과서, 영화에 딴지 걸다

과학 교과서, 영화에 딴지 걸다

이재진 지음 | 한문정 · 김현빈 · 전경아 감수

푸른숲주니어

유쾌하고 명랑한 과학 사회를 꿈꾸며

'영화 속의 과학' 이란 주제로 처음 글을 쓰게 된 것은 대학원을 다니던 1998년 9월께였다. 재미삼아 〈딴지일보〉에 '폭로! 영화 속의 비과학적 구라들' 이란 글을 올린 것이 계기가 되었다. 독자들의 반응이 의외로 좋아서 〈딴지〉 총수님으로부터 연재를 해 보자는 제의를 받았다. 그렇게 시작한 것이 어느덧 햇수로 6년째……. 그 사이 약 120여 편의 영화를 후벼 팠다.

어쭙잖은 내 글이, 많은 사람들에게 과학에의 색다른 흥미를 불러일으켰다는 사실이 무엇보다 기뻤다. 내 글 중에서 가장 큰 호응을 얻은 것은 〈다이하드 2〉의 마지막 장면인 '항공기 연료는 인화가 가능할까?' 였다. 이것은 모 방송국의 TV 프로그램에서 직접 실험을 해 봤을 만큼 호응도가 높았다. 과학의 참맛을 아는 사람들이 이토록 많다면 유쾌하고 명랑한 과학 사회도 그리 멀지 않았으리라는 기대가 가슴 뿌듯이 차오르는 순간이었다.

그렇다고 이 땅의 모든 사람들이 다 영화 속의 과학 이야기를 좋아했다는 것은 아니다. 허구를 바탕으로 만든 영화를 굳이 과학적으로 분석할 필요가 있느냐고 반문하는 이들이 적지 않았다. 마치 영화는 영화 평론가들처럼 사회적·문화적 현상하고만 맞물려서 분석하는 것만이 옳다는 듯…….

하지만 난 아랑곳하지 않았다. 생각이 달랐기 때문이다. 하나의 현상을 바라보는 사람들의 생각이 제각각이듯, 한 편의 영화를 보는 사람들의 시각도 천차만별일 수밖에 없으니까. 왜 영화 평론가와 같은 눈으로만 봐야 한단 말인가? 어떠한 사물이나 현상을 바라보는 눈은, 바로 그것을 보는 사람의 선택에 달려 있는 것이다. 시각의 다양성을 인정하지 않는 사회는 발전할 수 없다고 생각한다. 획일화된 사고에 갇혀 창의적인 사고가 발현될 수 없기 때문이다.

그래서 난 그러한 사람들의 의구심에 크게 개의치 않기로 했다. 그런 말을 하는 사람들이 있든 말든 나는 나의 방식대로 과학이라는 잣대를 이용해 영화를 치밀하게 분석했다. 과학이 학교에서 배우는 것마냥 고리타분하기만 한 학문이 아니라는 사실을 사람들에게 알려 주고 싶었기 때문이다. 그리고 과학과 친하지 않은 사람들에게 과학만이 가진 색다른 맛과 재미를 선사해 주고 싶었다. 그래서 보다 많은 사람들이 과학이란 학문에서 즐거움을 느끼고 상상의 폭을 무궁무진하게 넓혀 가길 기대했다.

하지만 꿈은 생각처럼 쉽게 이루어지지 않았다. 만만치 않은 세월이 흘렀건만, 사람들은 여전히 과학을 어려워하고 지루해 했다. 그러한 현실을 문득문득 깨달을 때마다 허탈한 마음을 추스르기 어려웠다. 그렇다고 이대로 주저앉을쏘냐. 나는 몇 번이고 초심의 자세로 돌아가, 유쾌하고 명랑한 과학 사회를 당겨 오기 위해 갖은 몸부림을 쳐댔다. 그 마음이 통했던 걸까? 아니면 내 정성이 하늘을 감동시켰던 걸까? 뜻밖에도 푸른숲에서 청소년 대상의 과학책을 내보자는 제의를 해 왔다. 난 뿌연 구름 속에서 한 줄기 빛살을 발견하는 듯했다. 바로 이거야!

나는 곧장 내가 강의를 하고 있는 학원으로 달려갔다. 그리고 교실을 가득(?) 메운 학생들에게 물어 보았다. 과학을 어떻게 생각하느냐고……. 내가 채 두 마디도 떼기 전에 대다수의 학생들이 고개를 절레절레 흔들었다. 과학은 딱딱하고 어려워서 재미가 없다는 것이었다. 과학 교과서에 등장하는 용어들이 너무나 어렵고 생소해서 이해하기 어렵다고 했다. 과학 같은 거 잘 몰라도 사는 데 별 지장 없지 않느냐고 하면서, 내 여리디여린(?) 가슴팍을 대못으로 콕콕 찌르는 녀석들도 있었다.

나는 이 비과학적인 교육 현실 앞에서 통한의 눈물을 흘리지 않을 수 없었다. 하지만 이를 앙다물었다. 내가 이 글을 써야 하는 이유가 더욱더 뼈아프게 와 닿았기 때문이다. 이 나라의 사교육을 담당하고 있는 사람 중의 하나로서, 과학을 도외시하는 청소년들을 이대로 내버려 둘 수는 없었다. 결코!

나는 교과서를 아작아작 씹어 버리고 싶을 만큼 지루하고 딱딱하다는 과학에의 고정 관념을 깨뜨려 주기로 결심했다. 영화 속의 과학 이야기를 통해 발상의 전환을 꾀함은 물론, 이 세상이 얼마나 과학적으로 이루어져 있는지를 온 몸으로 느끼게 해 주리라 다짐했다. 또한 보는 사람의 시각에 따라서 이 세상이 얼마나 다양하고 복잡한 빛깔과 모양을 띠고 있는지를 알려 주고 싶었다.

가장 먼저 영화를 고르는 일부터 했다. 최근 4, 5년 동안에 개봉한 영화들 중에서 과학적 사고를 유도할 수 있는 것들만을 가려냈다. 그 중에는 흥행에 성공하지 못한 작품들도 섞여 있었다. 제목을 보는 순간 심드렁한 반응을 일으킬 수도 있겠지만, 그렇다고 해서 내버릴 수는 없었다. 흥행에 성공한 작품만이 꼭 좋은 영화라는 보장은 없으니까. 그뿐 아니라 흥행에 실패했다는 이유만으로, 그 속에 빼곡히 들어차 있는 과학적 지식과 상식의 알갱이들을 어찌 포기할 수 있단 말인가.

나는 골라 놓은 영화들을 보고 또 보면서, 그 속에서 거둬들일 수 있는 과학적 지식이나 상식들을 하나도 놓치지 않으려 무진장 애를 썼다. 특히나 중·고등학교 과학 교과서와 연계되는 부분들은 알뜰하게 모아서 성실하게 분석했다. 청소년들의 이해를 돕기 위해 교과서의 관련 단원들을 일일이 꼭지 첫머리에 적어 놓았다. 그렇기에 이 책은 과학 교과서와 함께 읽어 내려가면 뜻밖의 상승 효과를 자아낼 수 있다.

그 다음엔 청소년 시기에 꼭 알아야 할 과학적 현상이나 용어를 최대한 쉽게 풀어 쓰려 노력했다. 가능한 한 실생활과 근접한 예를 찾아내어 청소년들의 이해를 돕고 그들의 과학적 흥미를 돋우려 애썼다. 한 편의 영화가 끝난 뒤에는 '읽든가 말든가' 란 코너를 만들어서, (딱히 교과서와 연계시키긴 어려우나) 과학적인 교양이나 상식을 쌓는 데 작으나마 도움이 되려 했다.

제발이지 나의 정성을 갸륵히 여겨서, 이 책을 읽은 청소년들이 과학에 대한 알레르기를 조금이나마 떨쳐 버렸으면 한다. 과학 과목에 친근감을 느끼고 과학적 사고를 하게 됨으로써, 세상을 바라보는 눈이 이전보다 더 넓어지고 커지기를 간절히 바란다. 자기도 모르는 새, 편협한 사고의 견고한 벽을 뚫고 나와 합리적인 사고의 광야에 들어서 있기를……. 그래서 깜짝 놀라 철퍼덕 나자빠지기를 두 손 모아 기도한다.

끝으로, 이 책을 쓰면서 참고한 여러 자료들의 출처를 일일이 다 밝히지 못함을 몹시 송구스럽게 생각한다. 이 모든 것이 청소년들에 대한 소중한 투자라고 생각하고 너그러이 이해해 주면 고맙겠다.

이 책이 나오기까지 많은 분들의 관심과 도움이 있었다. 우리 나라 청소년들의 미래를 위해 출간을 맡아 준 푸른숲에 먼저 감사의 말씀을 드린다. 또 수업 시간을 쪼개서 원고를 성의 있게 읽어 주고 조언해 준 지피지기의 사랑스런 제자들과 전환규 과장님에게 감사의 말씀을 전한다. 마지막으로 11시간의 대수술을 마치고 다시 건강을 찾으신 아버지께 감사의 뜻을 전하고 싶다.

2004년 5월
이재진

■ 차례

진주만

Harbor Pearl Harbor Pearl Harbor Pear

어뢰 꽁무니에 나무판을 매달면?
— 부력

비행기에서 폭탄을 떨어뜨리면?
— 포물선 운동

일본 해군은 어떻게 들키지 않고 진주만까지 갔을까?
— 안개와 한류, 난류

20 01년 여름, 전 세계의 영화계를 융단 폭격으로 초전 박살낼 것이라 선전 포고했지만, 할리우드를 이륙하자마자 LA 앞바다로 낼름 추락해 버리고 만 영화.

〈인디펜던스데이〉(1996)와 〈아마겟돈〉(1998)의 '미국 만만세' 톤을 너무도 충실히 따르고 있어서 아니꼽다고 말하기조차 역겨운 영화. 그것이 바로 이 〈진주만〉이란다.

특히 초반부에 등장하는 세 명의 삼각 김밥, 아니 삼각 로맨스는 초합금 울트라 텅스텐 대패로 밀어도 안 깎일 것 같은 강력 닭살을 우리들에게 돋게 하면서 유치찬란함의 극치를 보여 주지. 아아, 가련한 내 살들……

물론 진주만에 모여 있던 수많은 함선들이 한 순간에 폭발하고 침몰하는 장면은 혀를 내두를 만큼 뛰어나. 돈 들인 효과 하나만큼은 확실하게

일본은 1941년에 항공 모함과 전투기를 만들었는데……. 그 때 우린?

나더라니까, 흠흠! 그런데 진주만 공습이 뭐냐고?

에, 진주만 공습이란, 1941년 12월 8일(현지 시각으론 7일 아침) 일본 해군 항공기 414대가 미국 하와이에 있는 진주만을 기습 공격한 사건을 일컬어. 졸지에 공습을 당한 미 해군은 전함 5척과 경순양함 1척이 침몰되고, 항공기 480대가 파괴되는 등의 엄청난 피해를 입었단다.

그런데 일본은 이렇듯 무차별적인 공격을 퍼부으면서도 미국에다 선전 포고를 하지 않았다지 뭐야. 야비한 넘들……. 이 일로 일본한테 엄청나게 열받은 미국은 곧바로 선전 포고를 해 버리지.

그리하여 반년 뒤인 1942년 6월 3일부터 6월 6일까지 전쟁을 벌이게 돼. 이 전쟁을 미드웨이 해전이라 부르지. 미드웨이 해전은 미 해군의 승리로 끝이 나고, 이 해전을 전환점으로 일본은 몰락의 길을 걷게 된단다. 전쟁이란 참 알 수 없는 거야. 잘 나가다가 한 순간에 폭삭……, 그지?

자, 전쟁 이야기는 여기까지! 이제는 영화 속에 숨은 그림처럼 은밀하게 파묻혀 있는 과학의 원리들을 신나게 파헤쳐 보자꾸나.

어뢰 꽁무니에 나무판을 매달면?

영화 중반부 즈음에 이르면, 일본 넘들이 이상하게 생긴 욕조 안에 들어가서 꼼지락대는 걸 볼 수 있어. 조그만 모형 배를 만들어 가지고 부지런히 전쟁 연습을 하고 있는 거지. 1941년 여름부터 일본은 이렇게 모형 배까지 만들어 가면서 치밀하게 공격 준비를 한 셈이야. 그런데 한 가지 심각한 문제에 부딪히고 만다.

그게 뭐냐고? 음, 어뢰가 문제였어. (어뢰는 물 속으로 발사하는 미사일

정도로 이해하면 돼.) 당시의 어뢰는 '풍덩' 하고 전투기에서 물 속으로 투하되면, 수면 밑으로 30m 이상을 가라앉았다가 다시 떠오른 뒤 적함을 향해 돌진하도록 설계돼 있었거든. 그런데 진주만의 수심은 15m밖에 안 된다는 거야. 당연히 어뢰 공격을 할 수가 없었지.

그러나 문제는 생각보다 간단히 해결됐어. 난세에는 언제나 영웅(?)이 나타나는 법! 일본군의 미노루 겐다 대위가 어뢰의 방향타에다 나무판을 부착하는 아이디어를 생각해 냈거든.

그렇게 하면 어뢰는 부력이 증가해서 수심 14m 정도까지만 가라앉았다가 다시 떠오를 수 있게 돼. 그 덕분에 일본군은 룰루랄라 하면서 즐거운 마음으로 미군 함정을 공격할 수 있게 되었지. 음, 머리 좋은 넘……

오, 그러면 이쯤에서 일본이 진주만에 정박 중인 함정을 격침시키는 데 혁혁한 공을 세운 '부력' 이란 넘에 대해 알아보도록 할게.

빨간 원 안이 나무로 만든 수평·수직 안정판이란다.

부력은 사실 우리가 실생활에서 흔히 경험하는 거야. 너희들 무더운 여름날, 여자 친구 또는 남자 친구랑 시원한 계곡에 자주 놀러가지? 그러다 보면, 때때로 계곡 바닥에 뒹굴고 있는 예쁘장한 돌들을 발견할 때가 있잖아. 그럴 때 어떻니? 열이면 열, 그넘을 건져서 옆에 있는 여자 친구나 남자 친구한테 들쩍지근한 눈길과 함께 건네주고 싶어지잖니?

그런데 그넘을 물 밖으로 건져 내는 순간, 묘한 느낌이 손끝에 와 닿는 걸 느끼게 돼. 왜 있잖아? 별안간 돌의 무게가 늘어난 듯한 느낌, 즉 무게감 같은 것 말이야.

근데 왜 이런 것이 느껴지는 걸까? 그건 말야. 물 속에 있는 물체에는 중력과 반대 방향, 즉 위쪽으로 향하려는 힘이 작용하기 때문이야. 이 위쪽으로 향하려는 힘을 '부력' 이라고 하는데, 부력의 크기는 물 속에 잠겨 있는 물체의 부피에 해당하는 물의 무게와 같아.

바꾸어 말하면, 액체 속에 있는 물체는 그 물체가 밀어낼 수 있는 액체의 무게만큼 부력을 받는다는 거지. 이것을 21세기적 신세대 전문 용어로 뭉뚱그려 표현하면, '아르키메데스의 원리' 라고 해.

왜 이런 이름이 붙여졌냐고? 음, 알면서! '부력' 이란 넘을 고대 그리스의 과학자 아르키메데스가 발견했으니까 그렇지. 이쯤 되면 아르키메데스의 그 유명한 목욕 신에 관한 이야기를 하지 않을 수가 없군.

아르키메데스가 목욕탕에서 목욕하다 말고 홀라당 벗은 채로 뛰쳐나가 거리를 마구 달렸다는 얘기 말야. "유레카!" 하고 온 동네방네 떠나가라 소리를 질러 대면서…….

아르키메데스가 살던 당시, 히에론이라나 뭐라나 하는 그리스 왕이 아르키메데스에게 중요한 과제를 내줬대. 신전에 바칠 왕관에 불순물이 섞여 있는지 없는지를 밝혀 보라고 했다지? 이 때문에 아르키메데스가 밤

목욕하다 말고 무슨 짓이래?

낮으로 고민에 고민을 거듭했다는 중간 얘기는 생략하도록 하자.

아무튼 어느 날 아르키메데스는 피곤에 지친 몸을 달래기 위해 욕조 안으로 풍덩 뛰어들었어. 그런데 자신의 몸무게로 인해 물이 욕조 밖으로 넘쳐난 거야. 그걸 보고 얼떨결에 부력의 법칙을 발견하게 되었지. 아르키메데스는 기쁨을 주체하지 못해 알몸으로 냅다 뛰쳐나간 거고……. 그 때 이렇게 외쳤다는 것 아니니?

"유레카!"(Eureca, 나는 그것을 발견했다!)

그러곤 왕관이랑 무게가 똑같은 순금을 왕관과 함께 물 속에 냉큼 집어 넣었단다. 그런데, 어어, 이럴 수가! 물 속에 들어 있는 왕관이 순금보다 더 가볍지 뭐야. 왕관에 불순물이 섞여 있었단 얘기지.

참 신기하지? 저울로 쟀을 때는 순금과 왕관의 무게가 똑같았는데, 왜 물 속에서는 왕관이 더 가벼워진 걸까? 왕관이 물 속에서 가벼워졌다는 얘기는, 순금보다 왕관의 부피가 더 크다는 얘긴데…….

부피가 크니까 밀어내는 물의 양이 순금보다 많은 것이고, 그 차이만큼 부력을 더 받으니까 순금보다 가벼워진 거지. 아, 아르키메데스 아저씨 만세!

이젠 왜 일본군의 미노루 겐다 대위

물 밖에선 무게가 똑같았는데?

가 어뢰의 꽁무니에다 나무판을 대자고 했는지 알겠지? 쇳덩이보다 부피가 더 큰 나무로 안정판을 만들어 붙여서 부력을 크게 하려 했던 거지. 이렇게 늘어난 부력 덕택에, 어뢰는 수심 15m의 진주만에서도 잘 작동할 수 있었던 거야.

그러고 보면 부력의 성질을 어뢰에 이용할 줄 알았던 미노루 겐다 대위는 중·고등학교 다닐 때 물리를 꽤 잘했던가 봐. 나처럼 말야, 음하하!

비행기에서 폭탄을 떨어뜨리면?

이 영화에선 2시간 30여 분을 기다려야 꽤 그럴듯한 컴퓨터 그래픽 장면이 나온단다. 40여 분 간의 진주만 공습 장면은 정말로 볼 만해. 돈을 억수로 쏟아 부은 티가 팍팍 나거든.

근데 말야, 아래 장면들을 다시 한 번 잘 봐. 일본군 전투기가 진주만에 정박 중인 미군 함정에 자유 낙하 폭탄을 떨어뜨리는 장면인데, 좀 이상하지 않니? 카메라가 계속 폭탄을 쫓아가고 있는데도 불구하고, 폭탄은 한 치의 거리낌도 없이 비행기에서 수직으로 떨어지고 있잖아.

이게 물리적으로 합당한 것 같니? 비행기에서 떨어진 폭탄이 어떻게 바로 아래에 있는 함정에 수직으로 내리꽂힐 수 있겠니? 자, 진지하게

비행기에서 폭탄이 이런 식으로 떨어지는 것 맞니?

한번 생각해 보자.

수평으로 직선 운동을 하고 있는 비행기에서 어떠한 물체를 떨어뜨렸을 때, 그 물체는 어떤 식으로 운동을 할까? 비행기에서 떨어뜨린 폭탄의 운동을 분석해 보면, 수평 방향과 수직 방향 두 가지로 나눌 수 있어.

그 중에서 수평 방향은 비행기의 진행 방향과 같은 쪽으로 직선 운동을 하는 거니까, 당연히 비행기와 같이 앞으로 나아가려 하지. 그렇다면 수직 방향으론 어떤 운동이 일어날까? 그래, 맞아! 중력에 의한 자유 낙하 운동⋯⋯.

만일 공기의 저항을 고려하지 않는다면, 비행기에서 떨어진 폭탄의 운동은 수평 방향과 수직 방향에서 일어난 운동의 합작품이라고 할 수 있지. 그러나 폭탄의 앞뒤로 부는 바람의 영향을 고려한다면, 떨어지는 위치는 달라지게 마련이란다.

비행기에서 떨어진 폭탄이 맞바람을 받을 경우엔 수평 방향의 속도가 줄어들기 때문에 원래 지점보다 뒤로 나가서 떨어지게 돼. 거꾸로 뒷바람의 영향을 받는다면 앞으로 더 많이 나아가겠지? 결국 이 두 가지 운

비행기 속도 = v

비행기 속도 = v

중력에 의한 자유 낙하 속도 = gt
(g=중력 가속도, t=시간)

낙하 후 폭탄의 운동 방향

동의 절묘한 합작에 의해 폭탄은 포물선 운동을 하면서 땅으로 떨어지게 된단다.

이론으로 봐선 쉬운 듯하지만, 실제로 이 포물선 운동을 예측하기란 쉽지가 않아. 인터넷 게임 중에 〈포트리스〉란 거 있지? 그것도 이 포물선 운동을 적용한 거잖아. 그래서 정확하게 맞추기가 아주 힘들지. 이따금 바람이라도 불어 봐. 한 순간에 죽음이잖아. 이 포물선 운동을 잘 이해해야 빨리 해골에서 벗어나 달님 · 별님으로 갈 수 있단다. 푸하하.

일본 해군은 어떻게 들키지 않고 진주만까지 갔을까 ?

1941년 11월 26일, 일본 함대는 진주만을 접수하려는 야무진 꿈을 가슴 가득 안은 채 전투기 414대를 적재한 항공 모함 6척과 기타 떨거지 배들로 대규모 선단을 조성하여 진주만으로 출발했어.

이 항해는 12일 동안이나 계속되었는데, 미군들 눈에는 전혀 발각되지 않았단다. 그리하여 12월 8일(현지 시각 7일) 오전 6시, 진주만 북방 320km 해상에 아무 일도 없다는 듯 슬그머니 접근을 했어. 그 다음은 뭐, 안 봐도 비디오지.

그런데 참 신기하단 말이야. 혹

당시 세계 최고의 전투기로 평가받은 일본 제로 전투기. 이걸로 진주만을 한 방에 까부쉈잖니?

시 옆에 세계 지도가 있다면, 일본과 하와이 사이에 있는 태평양을 한번 찾아봐. 직선 거리로만 대략 5,000km가 넘거든.

생각보다 꽤 멀잖아. 특수 부대가 산 속에 숨어서 게릴라전을 펼치는 것도 아닌데, 일본 함대는 어찌하여 그 넓은 바다를 항해하는 동안 한 번도 미군들한테 발각되지 않은 걸까? 드넓은 바다 위에 숨을 데가 어디 있다고…….

정말로 이상야릇한 일이지? 하지만 알고 보면 다 그럴 만한 이유가 숨어 있단다. 기상 현상을 잘 이용하면 되거든.

아래 그림에, 일본에서 진주만으로 가는 일본 함대의 항로가 나타나 있어. 근데 항로가 좀 이상하지 않니? 동남쪽으로 가야 곧장 진주만으로 갈 수 있을 텐데, 일본 함대는 북쪽으로 에둘러서 가고 있잖아. 그러더니 갑자기 진주만이 있는 남쪽을 향해서 내려오네? 왜 그

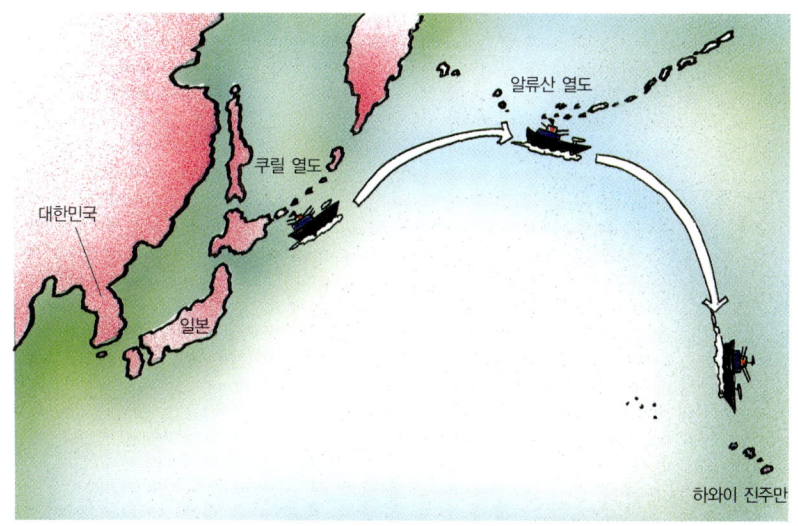

진주만으로 향하는 일본 함대의 항로

런 거지? 심심해서?! 전쟁 중에 일본군이 괜히 심심해서 그럴 리가 있겠니? 다 이유가 있단다.

일본 함대가 이렇게 멀리멀리 에둘러서 간 이유는, 쿠릴 열도와 알류산 열도 주변의 기상 현상을 이용해서 미군 정찰기의 날카로운 눈길을 피하려는 속셈이었어.

우선 일본 함대가 출발한 쿠릴 열도 주변의 기상부터 훑어보도록 하자. 이 곳은 말야. 따뜻한 쿠로시오 난류와 들입다 추운 쿠릴 한류가 만나기 때문에 심한 온도 차로 안개가 자주 발생해. 그래서 바다에는 늘 짙은 안개가 자욱하게 끼어 있지.

왜 그러냐고? 조금만 기다려. 이제부터 설명해 줄 거야. 난류 위의 공기는 수증기를 많이 포함하고 있단다. 그런데 이 난류 위의 따뜻한 수증기가 한류의 찬 공기를 만나게 되면, 자기도 모르게(?) 물방울로 변신을 하게 돼. 이 물방울들이 두둥실 떠 있는 게 바로 안개란다.

당시 미군은 이 지역의 안개 때문에 정찰기를 이용한 정찰을 아예 포기하고 있었어. 안개 앞에서 비행기는 곧 죽음이잖니? 인천 국제 공항에 안개가 끼어 있어 봐. 항공기가 맥도 못 출걸. 이착륙을 전혀 못 하게 되니까. 그런 맥락에서 이해하면 돼.

두 번째로, 일본 함대가 통과하는 알류산 열도 주변에는 알류산 저기압이란 넘이 떡하니 버티고 있었어. 이넘은 겨울철에 유독 기승을 부린단다.

그렇다면 저기압이 동반하는 기상 현상은 무엇일까? 다 알다시피 저기압이 있는 지역은 상대적으로 주변보다 기압이 낮아서 상승 기류가 발생해. 그러다 보니 구름이 생겨나서 비나 눈이 내리는 날씨가 되는 거지. 어쩌다 그렇지 않게 되더라도 아주 흐린 날씨가 돼. 게다가 이 주변의 바

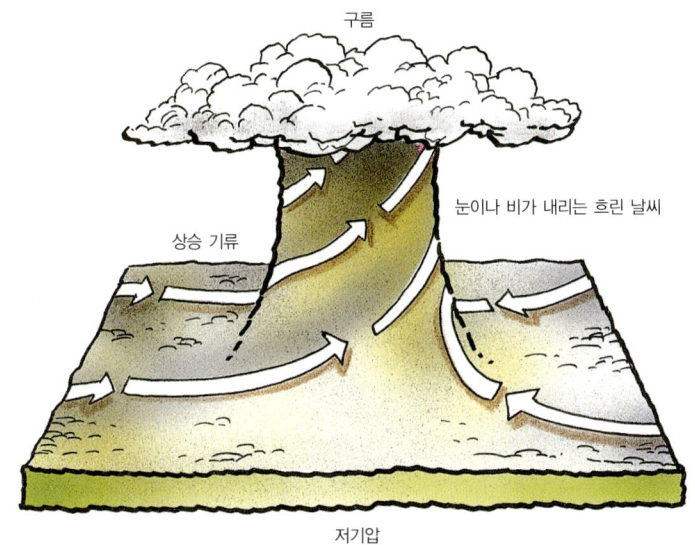

구름

눈이나 비가 내리는 흐린 날씨

상승 기류

저기압

복습하는 셈치고 저기압에 대해 한번 생각해 보셔!

다에는 바람까지 겁나게 분단다.

그러면 이제 정리 좀 해 볼까? 결국 일본군의 항로는 말야. 출발할 때 난류와 한류가 만나서 생성된 안개가 도와 주고, 경유지였던 알류산 열도 부근에선 강한 저기압으로 만들어진 비나 눈, 또는 흐린 날씨가 도와 주었던 거야. 덕분에 일본 함대의 움직임이 감쪽같이 숨겨질 수 있었던 거지.

여기에다 아까 말했다시피, 미군은 알류산 열도 부근에서 진주만으로 남하하는 항로에 대해서는 항공 정찰을 전혀 하지 않고 있었어. 이렇게 험한 날씨를 뚫고 배가 지나가리라고는 상상도 못 했을 테지. 실제로 정찰기가 뜨기 어려울 만큼 날씨가 궂기도 했고…… 일본은 이러한 점을 교묘하게 이용한 셈이야.

그 전까지 그 누구도 생각지 못했던, 기상 현상을 전쟁에 이용한 일본 넘들의 주도면밀함에, 뭐, 별로 내키지는 않지만 발이나마 한번 쳐 주자고. 툭!

▶▶일본은 왜 진주만을 공격했을까?

앞에서 과학 얘기를 실컷 했으니까, 이번엔 세계사를 한번 다뤄 볼거나. 일본이 무엇 때문에 진주만을 공격하게 됐는지, 그 사연을 살짝이 파헤쳐 보잔 얘기지.

일본은 1937년부터 시작한 중국과의 전쟁으로 식민지 유지와 전쟁 수행에 필요한 자원이 점차 부족해지기 시작했어. 특히 수입에만 의존하고 있던 석유가 가장 큰 문제였지. 얘네들도 우리처럼 석유가 안 나오거든!

근데 당시 일본은 석유의 90%를 미국에서 수입하고 있었어. 다른 방법(?)을 찾지 않는 한 미국의 눈치를 살펴야 했지. 일본은 전쟁 때문에 점점 더 많은 석유가 필요했고, 그러다 보니 매번 미국의 눈치를 봐야 하는, 참 뭐 같은 상황의 연속이었던 거지.

한편, 그 동안 유럽이나 중국 등 그 어떤 전쟁에도 개입하지 않은 채 중립을 지키고 있던 미국은 1940년 일본에 대한 견제와 세력 과시를 위해서 미 태평양 함대를 하와이의 진주만으로 이동 배치했어.

일본이 보기엔 미 태평양 함대가 일본의 앞마당까지 성큼 들어온 꼴이라서 이래저래 부담스러울 수밖에 없었지.

그런 데다 설상가상으로 중국인들까지 미국 의회에 로비를 벌이기 시작했어. 그 결과 미국은 일본에게 중국 땅에서 물러나지 않으면, 석유와 철강 수출을 전면 중단하겠다고 위협한 거야.

상황이 이렇게 되자, 일본은 난감해질 수밖에. 미국의 요구를 받아들이자니 4년여에 걸쳐 전쟁을 해 온 중국이 아깝고, 그렇다

고 미국의 요구를 고스란히 거부하자니 미국에서 수입하는 석유가 너무도 절실했던 거야. 이렇게 어정쩡한 상황에서 일본이 1941년 7월 프랑

기름이 필요하다데스.

스령 인도차이나 북부 지역을 점령하자, 미국이 즉시 철수를 요구하며 석유와 철강을 일본에 팔지 않겠다고 선언해 버렸어. 바로 이것이 결정타였지!

일본은 이제 별다른 선택의 여지가 없었어. 미국의 경제 봉쇄에 넘어가 전쟁을 포기하고 조용히 살든가, 아니면 남방 작전의 일환으로 전쟁을 일으켜서 남방 자원 지대를 확보하든가, 하는 양자 택일의 기로에 서게 되거지.

여기서 남방 작전이란, 자바·수마트라·말레이시아 등지의 동남아 지역을 병합해서 일본의 자원 기지로 만드는 걸 말해.

그런데 이 남방 작전 수행에는 하와이에 배치된 미 태평양 함대가 가장 큰 위협거리였단다. 미 태평양 함대를 진주만에서 까부순다면, 미국도 별수없이 태평양 함대를 본토로 철수시킬 수밖에 없을 테지만.

그렇게만 된다면 태평양의 제해권은 일본으로 넘어올 것이 뻔했어. 일본군의 수뇌부는 바로 이 점을 노린 거지. 그래서 진주만을 공격하게 된 거야. 결국은 석유 때문에 그런겨, 석유……

블랙 호크 다운

Down Black Hawk Down Black Hawk Dow

아이디드 민병 대원들은 과연 살아 남을 수 있을까?
— 작용과 반작용의 법칙

헬리콥터는 왜 회전 날개가 두 개일까?
— 작용과 반작용의 법칙

관련 단원
중학교 과학 1 '힘' | 고등학교 과학 '힘과 에너지'

이 영화는 소말리아 내전을 배경으로 하고 있어. 1993년 소말리아에 투입됐던 미군 특수 부대 얘긴데, 한마디로 소말리아 민병 대원들을 우습게 봤다가 큰코 다친 얘기라 할 수 있지. 그렇지만 엄연히 실제로 있었던 작전을 소재로 하고 있단다.

그 작전에 대해 이야기하기 전에 먼저 심장이 팔딱팔딱 뛰는 얘기 하나 해 줄게. 세상에, 이 영화에 74억짜리 헬리콥터 '블랙 호크' 가 네 대나 투입됐다지 뭐야? 그 중 두 대가 격추됐다가 가까스로 적진을 탈출한다는 얘기로만 장장 2시간 20분을 잡아먹어. 덕분에 '에이린 작전' 이라 불리는, 18시간짜리 전투 장면만 들입다 보게 되지.

전투 장면이 사실적으로 재현되긴 했어. 〈라이언 일병 구하기〉의 초반 30분 간과 맞먹을 만큼 사실적인 전투 장면이 쉴 틈 없이 이어지거든. 총알이 '슝슝' 날아다니고, 사람의 배에 포탄이 들어박히며, 한 순간에 사람 몸이 두 동강 나 버리는 끔찍한 장면들……

왜 이리 무거운 거야? 살 좀 빼지.

정말로 실감나긴 하더라. 마치 소말리아의 수도 무가디슈의 한쪽 구석에 쪼그리고 앉아서, 전투 현장을 직접 구경하고 있는 듯한 착각을 불러일으킬 정도였으니까.

　게다가 미군 특수 부대인 레인저와 델타포스의 전투 방식을 고스란히 재현해 주어서, 현대전(現代戰)이 실제로 어떻게 수행되는지를 알 수 있었지. 지상군과 공중 지원 헬기, 또 본부와 현장 사이의 긴밀한 상호 교신 장면 등은 꽤 눈여겨볼 만해.

　그런데 영화의 마지막 장면에 나타나는 '미군 19명 사망, 소말리아 인 1천 명 이상 사망'이란 자막은 정말 씁쓸하더군. 장난으로 던진 돌에 개구리는 맞아 죽는다고, 미군 헬기 네 대에 그렇게 많은 소말리아 사람들이 희생됐다니, 쩝! 가슴이 아프다.

　본격적으로 영화 얘기를 하기에 앞서, 영화의 배경이 된 소말리아에 대해 알아보고 넘어가도록 하자. 솔직히 너희들, 소말리아가 어디 붙어 있는 줄도 모르잖아. 크크큭, 아픈 데 찔러서 미안…….

　소말리아는 아프리카 북동부에 있는 나라야. 인구 7백만 명에 1인당 국민 소득은 150달러도 안 되는, 쉽게 말해 무지무지 못사는 나라 중의 하나라 할 수 있어. 계속되는 기근과 종족 분쟁, 쿠데타 등으로 1990년대 초반에 1백만 명이 한꺼번에 죽어 나간 곳이기도 하지.

　아프리카에 있는 대부분의 국가들이 그렇듯, 소말리아도 서방에서 군사 교육을 받은 몇몇 군바리들이 정권을 장악한 뒤 지금껏 군부 정치를 펴고 있는 곳이기도 하고…….

　1990년대에 접어들면서부터, 기근으로 고생하는 소말리아 국민들을 위해 세계 각국이 나서서 도움을 주고 있어. 하지만 정치하는 넘들이 자기네들 밥그릇 싸움하느라 내전 상태는 갈수록 더 심각해졌단다. 그래서

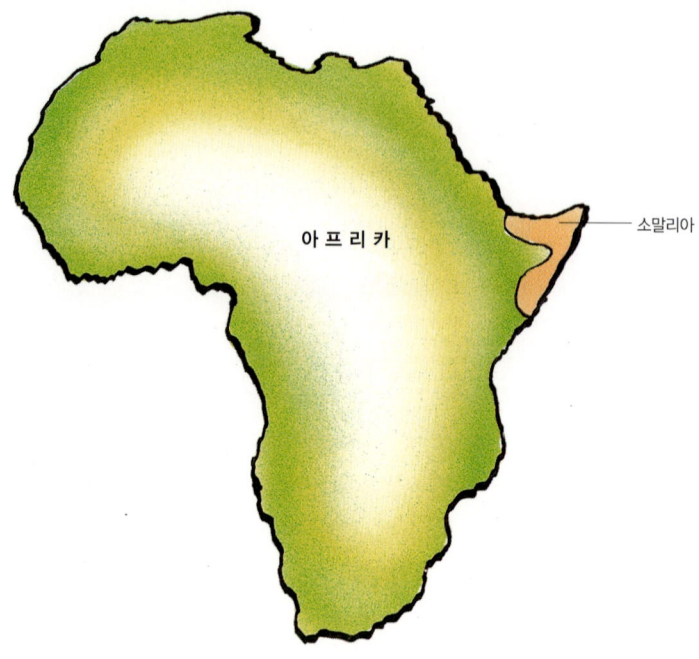

아프리카

소말리아

소말리아의 수도는 무가디슈, 기억해!

1992년 12월, 국제 연합(UN)에서는 소말리아 구호 활동을 위한 군사 개입 결의안을 채택한 뒤 UN 평화 유지 활동단(UNOSOM)을 결성하고, 소말리아에 평화 유지군을 파견했단다. 그 때 우리 나라도 국제 여론에 따라 공병대를 파견했지.

아이디드 민병 대원들은 과연 살아 남을 수 있을까?

이 영화에 등장하는 소말리아 통치자의 이름은 '아이디드'라고 해. 강한 군사력을 바탕으로 권력을 움켜쥔 넘이지. 그런데 이넘의 횡포가 날이 갈수록 점점 더 심해지는 거야. 결국엔 이넘을 잡기 위해 미군 특수부대인 델타포스와 레인저가 출동을 하지. 이 때 이넘의 아지트로 들어가기 위해 블랙 호크가 이용된단다. 블랙 호크가 얼마나 비싼 넘인지는 아까 말해 줬지?

그런데 아이디드 측 민병대는 미국의 이 같은 움직임을 귀신같이 알아채고, 만반의 태세를 갖춘 채 블랙 호크가 나타나기만을 기다리고 있었어. '지피지기(知彼知己)면 백전백승(百戰百勝)'이란 말이 괜히 있는 건 아니었던지, RPG-7이란 무기를 이용해서 공중에 있던 블랙 호크를 두 대나 추락시켜 버린단다.

근데 말야. 바로 이 대목이 문제야. 땅 위에 있는 민병 대원이 공중에 떠 있는 블랙 호크를 맞히려면, 하늘을 향하는 RPG-7과 사람 사이의 각도가 무지무지 커야 하잖아. 실제로 그렇게 하면 어떤 일이 벌어지는지 아니?

영화에서처럼 RPG-7을 어깨에 멘 뒤, 하늘을 향해 총이나 대포를 발사한다면 말야. 블랙 호크를 격추시키기는커녕 그 민병 대원의 목숨이 이승과 저승 사이를 왔다리 갔

누가 더 빨리 내려오나 시합하는 거야?

다리 하게 될걸.

　뉴턴의 운동 법칙 중 제3에 해당하는 '작용과 반작용의 법칙' 때문이지. 이 법칙에 따르면, 그 민병 대원은 발사 때 RPG-7 뒤로 분출되는 고온·고압 가스에 노출되어서 새까맣게 타 버린다.

　대체 작용과 반작용의 법칙이 뭐길래 그러느냐고? 음, 그러면 이번엔 그 비밀의 열쇠를 꽈악 틀어쥐고 있는 뉴턴 할아버지의 '작용과 반작용의 법칙'에 대해 알아봐야겠군. 그렇다고 긴장할 것까진 없어. 거창한 듯이 보여도 사실 그다지 어렵진 않거든.

　고무 풍선에 '후후' 하고 바람을 불어넣은 다음, 풍선의 입구를 손으로 꽉 잡고 있다가 갑자기 놓으면 어떻게 되니? 어렸을 적에 많이 해 봤잖아. 풍선이 '삐유유육' 하고 바람 빠지는 소리를 내면서 날아가지.

바람을 불어넣은 고무 풍선의 입구를 잡고 있다가 놓으면 풍선이 확 날아가 버릴걸?

　풍선이 왜 그렇게 움직이느냐 하면 말이야. 풍선 속의 공기가 빠져 나가면서 풍선을 앞으로 밀기 때문이야. 이 때 풍선 속의 공기가 빠져 나가는 힘을 '작용', 반대 방향으로 날아가려는 풍선의 힘을 '반작용'이라고 해. 이것을 '작용과 반작용의 법칙', 또는 뉴턴 할아버지가 발견한 '운동의 제3법칙'이라고 한단다.

　뉴턴 할아버지가 발견한 운동의 제3법칙, 또는 작용과 반작용의 법칙을 좀더 교과서스럽게 표현해 볼까?

어떤 물체에 힘이 작용할 때는 반드시 쌍의 형태로 나타난다. 이 두 힘 중에서 한쪽의 힘을 '작용'이라 하고, 다른 쪽의 힘을 '반작용'이라 한다.

작용과 반작용의 법칙은 일상 생활에서도 얼마든지 경험할 수 있어. 예를 들어 장난삼아 친구 넘 뒤통수를 한 대 때리면, 금방 살기등등한 응징이 뒤따르잖아. 또 코피 터지게 열심히 공부하다 보면 언젠가는 좋은 성적이 나오게 되는 것도 다 이 법칙 때문이지.

그러고 보면, 우리 선조들도 작용과 반작용의 법칙을 아주 훌륭히 이해하고 계셨던 모양이야. 왜, 이런 속담 있잖아. 가는 말이 고와야 오는 말이 곱다. 흐흐흐, 아님 말고.

이 작용과 반작용의 법칙을 이용해서 만든 것 중에서 가장 대표적인 물건이 바로 로켓이란다. 로켓 안에 담겨 있는 연료가 연소할 때 생기는 고온·고압 가스가 대기로 빠르게 분출되면서 무거운 로켓이 반대 방향으로 날아가게 되는 거거든. 여기서 고온·고압 가스가 대기로 분출되는 힘을 '작용', 로켓이 반대 방향으로 날아가는 힘을 '반작용'으로 보면 돼.

다시 영화로 돌아가서, 민병 대원이 RPG-7을 높이 쳐든 채 (아주 큰 각도로) 블랙 호크를 쏘는 상황을 '작용과 반작용의 법칙'에 연결지어 생각해 보자.

로켓이 발사되면서 아이디드 민병 대원 뒤로 고온·고압 가스가 분출되는 힘을 '작용'이라 할 수 있잖아. 그러면 당연히 '반작용'은 로켓이 블랙 호크를 향해 날아가는 힘이 되겠지? 움하하하! 정말 쉽지 않니?

그렇다면 아이디드 민병 대원의 뒤로 뿜어져 나오는 고온·고압 가스

반작용

작용

　는 어디로 갈까? 영화 속 설정대로라면 RPG-7과 민병 대원이 만드는 각
도가 매우 크기 때문에, 그 가스는 땅에 부딪힐 수밖에 없어. 그 땅이란,
민병 대원의 발뒤꿈치 어느 언저리가 될지도 모르지.

　　그러면 어떤 일이 벌어질까? 땅에 부딪힌 가스가 잠자코 있을 리 만무
하잖니? 뭔 일이 나도 한참 나지. 그 가스가 땅에 닿기 무섭게 민병 대원
을 덮쳐 버릴 테니까. 아마 고온·고압 가스에 노출된 민병 대원은 뒤통
수와 등짝을 중심으로 까맣게 그을린 채 팔자에 없는 통닭구이 신세가

되고 말 거야. 움메, 무서운 거!

그래서 실제로 RPG-7을 쏠 때는 쏘는 넘 뒤에 장애물이 전혀 없게 할 뿐 아니라, 공중의 목표물도 너무 크지 않은 각도로 쏠 수 있도록 훈련을 시킨대.

사실 실제의 아이디드 민병 대원들은 영화에서처럼 그렇게 아무 생각 없이 RPG-7을 발사하지는 않았다고 해. 하늘을 향해 큰 각도로 발사했을 때, '작용과 반작용의 법칙'이 가져올 무서운 결과를 잘 이해했던 모양이지. 들리는 소문에 의하면, 일찌감치 RPG-7을 개조해서 쏘는 넘들이 다치지 않도록 조치를 취했다더군.

어떻게 한 거냐고? 음, RPG-7의 꽁무니에 금속관을 90° 각도로 이어 붙여서 고온·고압 가스가 하늘로 빠져 나가게끔 했대. 그 외에도 '작용과 반작용의 법칙'을 피해 갈 수 있는 방법이 또 있는데……. 땅에다 깊은 구덩이를 판 다음, RPG-7의 꽁무니를 구덩이로 향하게 한 뒤 거의 드러눕다시피하여 쏘는 거라고 해. 이러한 방법으로 로켓 발사할 때 생기는 고온·고압 가스의 피해를 입지 않도록 한 거지.

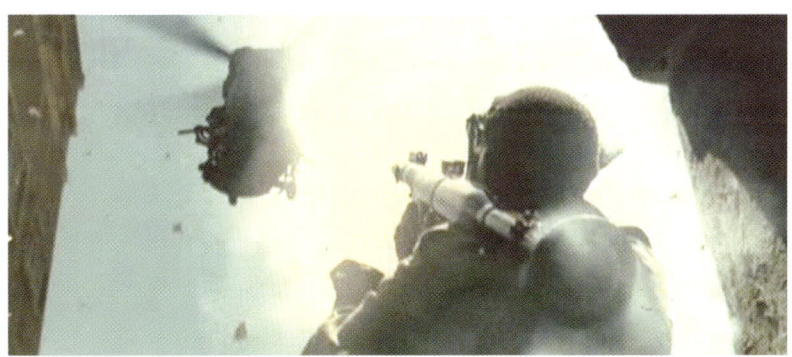

이런 자세로 쏘면, 나 통닭구이가 되는 거지?

헬리콥터는 왜 회전 날개가 두 개일까?

어차피 헬리콥터가 등장하는 영화니까, 헬리콥터에 대해서 딱 한 가지만 알아보고 가자. 콕 집어서 말하면, 헬리콥터의 회전 날개에 대해서라고 할 수 있지. 이 영화에 등장하는 블랙 호크를 비롯하여, 우리가 흔히 볼 수 있는 헬리콥터들은 대부분 회전 날개가 두 개씩 달려 있어.

헬리콥터 머리 위에 있는 주회전 날개(메인 로터)랑 꼬리 부분에 붙어 있는 부회전 날개(테일 로터) 말이야. 그런데 이 부회전 날개는 주회전 날개에 비해 크기가 몹시 작아서 헬리콥터가 훨훨 나는 데 별 도움이 되지 않을 것 같지 않니?

그럼에도 불구하고 왜 꼬리 부분에다 이 조그마한 부회전 날개를 굳이 달아 놓는 것일까? 이참에 이 조그마한 날개의 역할에 대해 한번 살펴보도록 하자. 사실은 이것도 '작용과 반작용의 법칙'과 관련이 있거든.

만일 부회전 날개가 없다면? 헬리콥터의 주회전 날개가 돌기 시작할

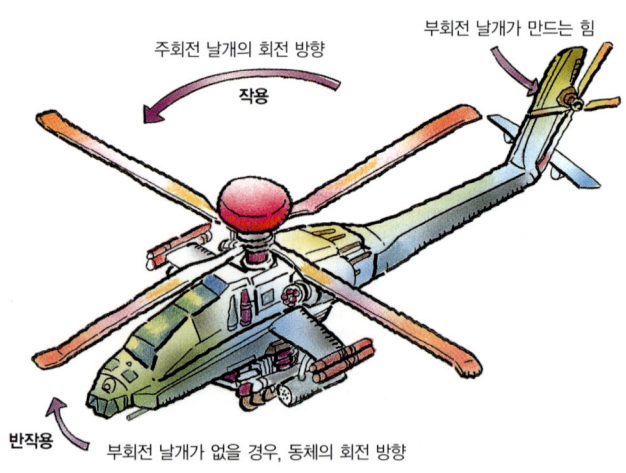

주회전 날개의 회전 방향

작용

부회전 날개가 만드는 힘

반작용　부회전 날개가 없을 경우, 동체의 회전 방향

때, 이것에 대한 반작용으로 헬리콥터 동체가 반대 방향으로 회전하게 될 테지. 그렇게 되면? 조종사는 헬리콥터를 조종하기는커녕, 그날 아침에 먹은 음식물의 내용을 일일이 확인하느라 정신이 없겠지?

그래, 그걸 방지하기 위해서 헬리콥터의 꼬리 부분에다 또 하나의 회전 날개를 붙여 놓은 거야. 이넘이 주회전 날개의 회전 방향과 반대 방향으로 작용하게 함으로써 동체의 회전을 막아 주는 거지. 이젠 알겠지? 왜 달아 놨다고? 그래, 헬리콥터가 도는 걸 방지하기 위해서.

이것을 뒤집어서 생각해 보면, 헬리콥터는 부회전 날개 부분이 아킬레스 건이란 얘기가 돼. 전투할 때 이 부분에 고장이 생기면, 헬리콥터의 조종이 아예 불가능하게 되니까. 그래서 이 문제를 해결하기 위해, 이상야릇한 모양의 헬리콥터들이 등장하기 시작했단다.

직렬식 헬리콥터

병렬식 헬리콥터

동축 반전식 헬리콥터

NOTAR식 헬리콥터

부회전 날개의 구성과 배열에 따라 직렬식 헬리콥터, 병렬식 헬리콥터, 동축 반전식 헬리콥터, NOTAR식 헬리콥터 등으로 나눌 수 있단다.

직렬식 헬리콥터는 위에서 내려다보았을 때, 두 개의 회전 날개가 세로로 배열돼 있는 것을 말하고, 병렬식 헬리콥터는 가로로 배열돼 있는 것을 말해.

그리고 동축 반전식 헬리콥터는 두 개의 회전 날개가 동일 축상에 있는 것을 가리키지. 동일 축상이 무슨 뜻이냐고? 음, 회전 날개 두 개가 이층집처럼 아래위로 사이좋게 붙어서 돌아가는 모양을 말해.

반면에 가장 최근에 등장한 NOTAR식 헬리콥터는 부회전 날개를 완전히 없애 버리고, 기체 꽁무니에서 빠른 속도로 공기를 분사시키는 방식(제트 공기)을 취하고 있어.

말로 써 놓으니까 잘 모르겠지? 앞쪽에 그림 있으니까 보셔. 끄읕!

▶▶ 미국 특수 부대의 정체를 알려 주마!

이번에는 영화에 등장하는 미국 특수 부대들을 알아보도록 하자.

레인저

이 영화에 델타포스와 함께 등장하는 레인저는 그린 베레와 함께 미 육군의 3대 특수 부대로 꼽히는 정예 부대야.

영화 속에서 맥없이 총 맞아 죽으니까 별 볼일 없는 넘들인 줄 알았지? 아니야, 알고 보면 겁나게 무서운 넘들이야.

레인저의 기본 임무는 그린 베레나 델타포스와 달리, 본격적인 작전 전에 투입되어 단기간의 타격전으로 교두보를 확보하는 거야. 일반적으로 적진에 신속히 침투하여 공항이나 활주로 같은 특정 목표물을 신속히(72시간 이내) 점령하고, 지원군이 도착할 때까지 사수하는 것이 주 임무라고 해.

그린 베레

그린 베레가 정식 명칭은 아니야. 원래는 '미 육군 특전 부대'라고 해야 맞거든. 그린 베레의 임무는 철저히 비정규전적인 성격을 지니고 있어. 비정규전이란 게릴라전을 비롯해 적의 정부 체제 전복, 선동, 첩보 활동, 침투, 적의 정부 내에서의 비밀 활동 등을 말해.

또한 다른 국가의 군대를 양성하고, 그들에게 군사 기술도 가르친다나. 1991년엔 이집트의 코만도 부대를 훈련시켰고, 2001년에는 빈 라덴을 잡기 위해 아프가니스탄전에 참가하기도 했대.

'그린 베레'라고 불리는 이유는 이넘들이 쓰는 녹색 베레모 때문이라지.

델타포스

군대에 대해 아무리 문외한인 사람이라도 이 이름만큼은 들어 봤을 거야. 델타포스는 그 명성에 비해 부대의 공식 명칭이나 위치, 조직 구성 등은 정확히 알려져 있지 않아.

전체 부대원이 8백 명이란 얘기도 있고, 2천 명이란 얘기도 있어. 위에서 얘기한 그린 베레 특전단의 특수 임무대지. 전체 미군 중에서 가장 우수한 인력만을 모아 구성되었다나. 주 임무는 테러 집단과 맞서 싸우는 거라고 보면 돼.

이 영화에서는 체면을 좀 구기긴 했지만, 임무에 실패하고 귀환할 때는 부상자와 죽은 동료들을 모두 데리고 왔다고 하더군. 무서운 넘들!

델타포스가 맡았던 임무는 무수히 많은데, 거의 다 성공적으로 끝났다고 해. 하지만 작전의 대부분이 1급 기밀이라 일반 사람들에게는 잘 알려지지 않고 있단다.

타이타닉

Titanic Titanic Titanic Titanic Titanic Tit

인간이 찬물 속에서 생존할 수 있는 시간은?
— 저체온증

왜 주인공 시체만 가라앉지?
— 바닷물과 밀도

차라리 계속 자지 그랬어?
— 충격 에너지와 취성 파괴

〈**타**이타닉〉은 정말로 감동적인 영화라고 생각해. 특히 타이타닉 호가 침몰하는 과정을 컴퓨터 시뮬레이션으로 재현한 장면은 그 누구라도 이 영화의 하이라이트라 말하지 않을 수 없을 정도지.

아무리 생각해도 제임스 카메론 감독은 대단한 것 같아. 치밀한 준비 작업 끝에, 영화를 조선 공학적으로 거의 흠잡을 데 없이 완벽하게 만들었으니까. 영화 초반부에서 타이타닉 호를 탐색하는 데 사용된 잠수 장비는 전 세계에 다섯 대밖에 없는 거라고 해. 그런데 그 중 두 대를 투입했다고 하니 돈이 얼마나 많이 들었을까? 그렇게 많은 돈을 들여서 영화를 만들 수 있다는 사실이 부러울 따름이야.

에, 그러면 이번에는 본론에 들어가기 앞서, 타이타닉 호의 역사를 한 번 짚어 보도록 하자꾸나.

많은 커플들의 애정 행각에 지대한 영향을 미친 바로 그 장면!

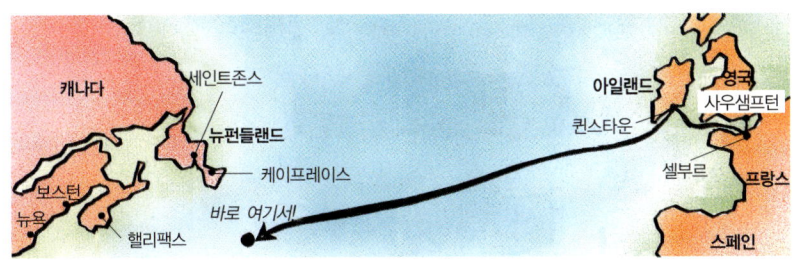

타이타닉 호의 비극적인 항해 경로

1911년 영국의 선박 회사 '화이트 스타 라인'은 큰맘 먹고 호화 유람선 타이타닉 호를 만들었지. 당시 이 배는 세계에서 가장 큰 배였다고 해. 명성에 걸맞게 총 무게가 4,500t을 넘었고, 길이가 약 270m, 세 개의 프로펠러(엄밀히 말하면, 배는 '스크루'라고 해야 돼.)와 네 개의 굴뚝을 가지고 있었어. 네 개의 굴뚝 중에서 하나는 배의 디자인을 멋지게 하기 위해 일부러 만들어 놓은 것이라더군.

1912년 4월 10일 수요일, 드디어 타이타닉 호는 승객 2,200명을 태우고 사우샘프턴 항을 떠나 뉴욕으로 출발했단다. 그리고 14일 밤 11시 40분, 뉴펀들랜드 부근에서 빙산과 '쿵' 하고 충돌한 거야. 우쩨, 이런 일이!

이 때 타이타닉 호의 무전사는 약 16km 가량 떨어져 있던 캘리포니안 호에 다급히 구조를 요청했어. 캘리포니안 호가 곧장 달려와 주기만 한다면 조난자들을 충분히 구할 수 있는 상황이었거든. 타이타닉 호가 완전히 침몰하기 전에 도착할 수 있을 만큼 가까운 거리에 있었으니까.

그런데 하필이면 그 때가 늦은 밤이라, 캘리포니안 호의 무전사가 잠을 자느라고 응답 장치를 꺼 놓은 거야. 당연히 구조 요청 소리를 듣지 못할 수밖에. 이런 잠탱이 무전사 같으니라고!

다급해진 타이타닉 호의 무전사는 어쩔 수 없이 93km 가량이나 멀리 떨어져 있는 카르파시아 호에 다시 구조 요청을 했지. 비상 신호를 접한 카르파시아 호는 엉덩이에 불이라도 붙은 듯 전속력으로 달려왔지만, 도착했을 때는 이미 타이타닉 호가 바다 속으로 가라앉은 뒤였어. 타이타닉 호는 빙산과 충돌한 뒤, 세 번째 굴뚝과 네 번째 굴뚝 사이가 반으로 댕강 갈라져, 불과 2시간 40분 만에 물 속 깊이 가라앉고 말았거든.

그 당시 타이타닉 호에는 구명 보트가 턱없이 부족했다고 해. 그래서 타이타닉 호가 침몰한 후, 모든 배에는 구명 보트를 충분히 갖춰야 한다는 법령이 생겨났다지.

또 아무리 늦은 밤이라도 무전사는 응답 장치를 꺼 놓으면 안 된다는 법령도 만들어졌다고 해. 이런 걸 법률학적(?) 용어로는 '소 잃고 외양간 고치기'라고 하지, 아마.

인간이 찬물 속에서 생존할 수 있는 시간은?

타이타닉 호가 침몰할 때 바닷물의 온도는 -2°C, 바깥 기온은 -0.5°C였단다. 이렇게 차가운 온도의 물 속에 빠진 사람은 얼마 동안이나 버틸 수 있을까? 간단히 말하면, 오래 못 살아.

물론 당시의 생존자들 중에는 30분 이상을 버텼다고 증언한 사람들도 있긴 했어. 하지만 그 상황에서 시계를 꺼내어 "……57초, 58초, 59초, 1분, 땡!"하면서 시간을 쟀을 리 만무하잖니?

사람이 극도의 공포 속에 놓이게 되면, 몸 속에서 진통 효과를 가진 호르몬(엔도르핀)이 분비되어 고통을 느끼지 못하도록 한다고 해. 그야말

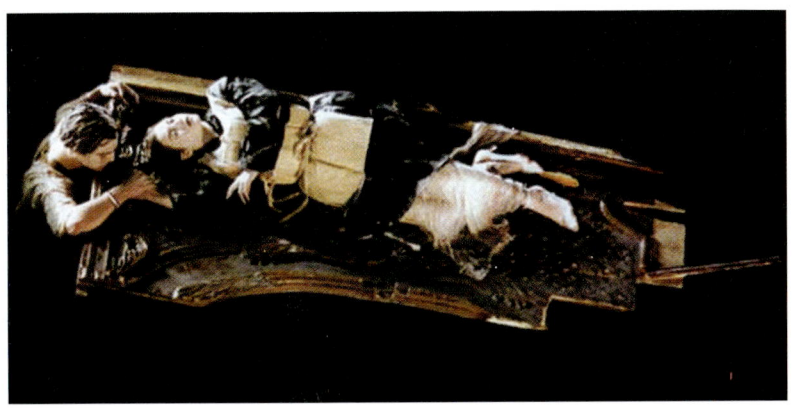

우리, 찬물에서 꽤 오래 산다, 그지? 죽을 때가 훨씬 지나지 않았니?

로 인체의 신비라고 할 수 있지. 어쩌면 그런 이유에서 시간 개념이 없어져, 1분이 10분처럼 느껴졌는지도 모른다고 봐.

그렇다면 사람이 영하의 찬물 속에서, 그것도 머리만 달랑 물 밖으로 내놓은 채 얼마나 견딜 수 있을까? 몸 전체에서 체온 손실이 어마어마하게 일어나고 있을 텐데……. 도무지 감이 잘 안 오지? 지금부터 날 따라와 봐, 감이 오게 해 줄 테니. 눈 크게 뜨고!

이 영화에서 남자 주인공인 레오나르도 디카프리오는 물론, 그 외의 수많은 엑스트라들이 찬물에 빠져서 죽잖아. 그것도 차디찬 얼음물 속에……. 이 상황을 잘 생각해 봐. 이들이 죽은 원인에 대한 힌트를 찾을 수 있을 거야.

저체온증 말야! 저체온증이란 사람이 영하의 날씨 속에 오랫동안 머물러 있거나 찬물에 빠져 있을 때, 체온이 35℃ 이하로 서서히 내려가다가 결국에는 심장마비를 일으켜 죽는 증상을 말해.

제2차 세계 대전 당시, 나치는 사람이 저체온증으로 죽는 데 걸리는 시간을 알아본답시고 엽기적인 실험을 한 적이 있어. 유대 인들을 대상으로 한 그 생체 실험의 결과에 따르면, 4~6°C의 수온에서 53~93분 안에 사망할 확률이 100%, -1°C의 수온에서는 30분 이내에 사망할 확률이 90%라고 해. 나치는 어떤 마음으로 이런 실험을 했을까? 생각할수록 무섭고 끔찍스럽군.

아무튼 타이타닉 호가 침몰했던 차가운 북대서양에 사람이 빠진다면 거의 다 죽는다고 보면 돼. 구조 보트가 바다로 내려져서 조난자를 향해 다가갈 즈음이면, 이미 그 사람은 저체온증으로 몸이 굳어서 움직일 수도 없는 상태가 돼 있을걸. 상황 종료란 얘기지.

그러나 이 영화 속의 두 주인공은, 얼음물 속을 30여 분 동안이나 쏘다녔는데도 불구하고 조금도 고통스런 기색을 내비치지 않더군. 고작 이 한마디만 내뱉었을 뿐.

"Oh, It's so cold."

번역해 보면, "오, 열라 추워!" (나, 너무 친절한 것 같지 않니? 호호호.)

침몰 후 구조되기까지 우리의 남녀 주인공이 물 속에 잠겨 있는 시간은 영화의 상영 시간으로만 봐도 10분이야. 그런 데다 약혼남을 피하기 위해서 배가 가라앉기 시작한 뒤로 30여 분 간이나 배 안을 이리저리 도망다니잖아. 그 때도 -2°C의 찬물 속이었지, 아마.

말하자면 이 주인공들은 -2°C의 찬물에서 적어도 40분 이상 시원한 냉수욕(?)을 즐기고 있었던 셈이야. 이 영화가 실제 상황이었다면, 이들은 과연 어떻게 됐을까? 두말할 필요도 없지. 다른 이름 모를 엑스트라들과 마찬가지로, 둘이 손을 꼬옥 붙든 채 저체온증으로 세상과 영원히 굿바이했겠지. 아유, 가엾어라.

근데 너무 마음 아파할 필요 없어. 이 두 사람은 "오, 열라 추위!" 이 한

우리, 왜 이리 안 죽냐?

마디만으로 뜨거운(?) 사랑을 확인하며, 생물학적 한계를 꿋꿋이 넘어섰으니까. 뜨겁디뜨거운 그들의 사랑에 절로 고개가 숙여진다.

왜 주인공 시체만 가라앉지?

마지막 대목에 이르면, 비운의 여주인공 케이트 윈슬릿이 안타까운 마음에 저체온증으로 죽은 디카프리오를 물 속으로 밀어 넣지. 그리고는 자신을 구조해 달라며 미친 듯이 호루라기를 불어대잖아. 삐～삐～. 여기까진 참 가슴이 뭉클했어.

그러나 곧 어이없는 장면이 이어진단다. 디카프리오나 엑스트라들이나 똑같이 차가운 바닷물에 오랫동안 노출되어 저체온증으로 죽었는데……. 엑스트라들은 저 푸른 바다 위에 두둥실 떠 있고, 디카프리오는 물 속으로 가라앉지 뭐야. 도대체 어느 쪽이 맞는 거야? 엄청 헷갈리게 하는걸.

①

②

   그러면 과학적으로는 어느 쪽이 맞는지 한번 확인해 보도록 하자. 이 장면의 키포인트는,

저체온증으로 죽은 시체의 밀도 〈 바닷물의 밀도 —— ①
저체온증으로 죽은 시체의 밀도 〉 바닷물의 밀도 —— ②

   이렇거든. 그러니까 어느 부등식이 성립하는지만 확인하면 돼. ①이 성립하면 시체의 밀도가 바닷물보다 가벼우니까 둥둥 뜰 거야. 이 경우엔 엑스트라 장면이 맞겠지? ②가 성립하면 시체의 밀도가 바닷물보다 크니까 가라앉게 돼. 그렇게 되면 디카프리오의 장면이 맞는 거지.

   일반적으로 바닷물의 밀도는 $1.020 \sim 1.031 g/cm^3$야. 일반적이라는 단서를 붙인 이유는, 특별한 조건에서는 바닷물의 밀도가 변할 수도 있기 때문이야. 가령 바닷물이 햇빛으로 따뜻하게 가열되었다거나, 비나 강물로 희석되었다면 밀도는 충분히 감소될 수 있거든. 반대로 바닷물이 계절 변화로 차가워지거나, 수분 증발로 염분이 증가하게 되면 밀도가 덩달아 증가할 수도 있고……

   여기서는 추운 겨울철의 바닷물이기 때문에 밀도를 $1.030 g/cm^3$ 정도로 보면 돼. 그렇다면 사람의 밀도는 얼마나 될까? 성인의 경우, 대개 $0.96g/cm^3$이란다. 그런데 사람의 밀도도 바닷물의 밀도처럼 변할 수가 있을까? 물론 있지.

성인을 기준으로 했을 때, 숨을 폐로 들이쉰 상태는 $0.94g/cm^3$, 폐 속의 숨을 내쉰 상태로는 $1.03g/cm^3$이야. 그래서 정상적인 호흡 상태에서는 물에 뜰 수 있어. 또 호흡량을 변화시켜 폐 속의 공기량을 조절한다면, 자신의 의지에 따라 물에 뜰 수도 있고 가라앉을 수도 있지.

그런데 익사를 한 경우, 다시 말해 폐 속에 물이 들어간 경우에는 폐 속의 공기량이 줄어들면서 그 자리에 물이 들어차게 되잖아. 그렇기 때문에 사람의 밀도가 물보다 더 커져서 대부분은 가라앉게 마련이지.

영화 장면을 다시 한 번 떠올려 보자. 디카프리오가 찬 바닷물을 벌컥벌컥 마시고 익사한 거니? 아님 죽기 전에 폐의 숨을 몽땅 다 내뱉고 죽은 거니? 둘 다 아니잖아. 차가운 바닷물에 빠져서 살아 보려 버둥거리다가, 저체온증으로 어쩔 수 없이 세상을 하직한 거잖아. 그지?

그렇다면 죽을 당시의 디카프리오의 밀도는 얼마게? 아마도 성인 남성의 표준치인 $0.96g/cm^3$ 정도겠지. 어, 그러면 바닷물의 밀도보다 낮은 거네? ①번의 부등식이 맞는다는 얘기잖아.

제대로 하자면, 디카프리오는 엑스트라들처럼 바닷물에 떠 있어야 한다는 얘기지. 혹 어떤 넘들은 디카프리오가 배에 오르기 전, 도박판에서 딴 동전이 주머니에 가득 들어 있어서 가능할지도 모른다고 우길 수도 있어. 흥, 천만의 말씀! 모르는 소리 마셔.

영화를 자세히 보면, 디카프리오의 주머니가 그렇게 불룩하지도 않았을 뿐더러, 그 전에 이미 잃어버린 목걸이 때문에 몸수색을 당한 상태였잖아. 주머니 속에 동전들을 쟁여 넣고 있을 가능성은 매우 희박하다고 할 수 있지.

물론 남자 주인공의 죽음을 미화하고 싶었던 제임스 카메론 감독의 마음은 충분히 이해해. 그래, 40분 동안 찬 바닷물 속에서 첨벙거리며 뛰어다녔어도 무사하게끔 만들어 놓은 거, 다 봐줄 수 있어. 하지만 최소한 저체온증으로 죽여 놓은 뒤엔 다른 엑스트라들과 함께 바닷물 위에 떠 있게 해야 하는 것 아닌감? 몸에 납덩이라도 매달아 놓은 게 아니라면 말이야.

차라리 계속 자지 그랬어?

(역사에는 '만일' 이란 말이 없다고 하지만) 만일 타이타닉 호가 빙산에 정면으로 충돌했을 때, 전망대 선원이 술을 먹고 곯아떨어져 있었더라면 어떻게 됐을까? 그랬다면 이 영화에서처럼 그렇게 비극적으로 침몰하진 않았을 거야. 왜냐 하면 빙산과 부딪힌 배 앞쪽의 한 구획만 침수되었을

뭐, 내가 잠이나 쿨쿨 잤더라면 타이타닉 호가 침몰하지 않았을 거라고?

어떤 굴뚝이 폼으로 달아 놓은 것이게?

테니까. 그래도 배가 뜨는 데는 별 문제가 없거든.

대부분의 선박들은 사고에 대비해서 각기 방수가 되게끔 여러 구획으로 나뉘어 있어. 타이타닉 호도 설계상 총 열여섯 개의 방으로 나뉘어 있었지. 이 중 네 개까지 파손되어도 배는 물 위에 뜰 수 있도록 설계돼 있었단다. 그런데 망을 보던 선원이 빙산을 발견하는 바람에, 타이타닉 호가 어렵사리 방향을 돌리려다 그만 옆구리를 긁히고 만 거지.

결국 배의 앞부분에서 뒤쪽으로 연속해서 6개의 구획이 파손되었고, 파손된 부위로 바닷물이 콸콸콸 쏟아져 들어와서 침수가 일어난 거야.

근데 좀 이상하지 않니? 얼음덩어리에 불과한 빙산에, 강철로 만든 배가 긁힌다는 게……. 믿기지 않겠지만 사실이야. 이렇게 강철이 빙산 따위에 어이없이 파괴되는 것을 가리켜 '취성 파괴'라고 해.

너희들, 엿 알지? 먼저 엿을 딱딱하게 얼린 경우를 생각해 보자. 조그마한 충격에도 쉽게 깨지잖아. 그에 반해, 몰랑몰랑한 엿은 어떻니? 웬만한 충격에는 끄떡도 안 하지? 엿이 늘어나면서 충격을 모두 흡수하기 때문이야. 이 때 딱딱하게 언 엿은 '취성'이 크다 하고, 몰랑몰랑한 엿은

'연성'이 크다고 해. 그래서 '취성'이 큰 넘은 충격에 약하고, '연성'이 큰 넘은 상대적으로 충격에 강하지. 여기까지 오케이?

왜, 그런 경험 있잖아. 골목길이나 공터에서 친구들이랑 야구를 하다가 본의 아니게 공이 남의 집으로 날아들었을 때, (생각만 해도 끔찍하겠지만) 대문짝만한 거실 창문이 한 순간에 박살나잖니? 취성 파괴란 게 바로 그런 거야. 외부의 충격으로 어떠한 재료(물질)가 한꺼번에 파괴되는 현상 말이야. 취성 파괴는 저온일 때, 그리고 충격에 약한 재질일수록 잘 일어난단다.

다시 타이타닉 호의 경우를 살펴보자. 타이타닉 호를 만드는 데 사용된 강철은 그 때로선 최고의 재료라 할 수 있었지만, 당시의 기술력이 가진 한계 때문에 외부의 충격에 썩 강한 편은 아니었어. 요즘 생산되는 강철의 3분의 1쯤 되는 강도를 지녔다나.

엎친 데 덮친 격으로 북대서양의 차가운 물은 타이타닉 호에 더 큰 악재로 작용했지. 강철은 저온일수록 충격에 약해지는 성질이 있거든. 당시의 기온이 $-2°C$였으니, 타이타닉 호는 충격에 더욱더 약할 수밖에.

이것을 다시 엿에 비유해서 설명해 볼까? 엿 자체만으로도 충격에 약해서 잘 부서지는 성질이 있는데, 날씨까지 추우니까 딱딱하게 굳어서 더 잘 부서지게 되었다는 말씀이지.

정리를 해 보면, 당시 타이타닉 호의 주 재료인 강철은 원래부터 충격에 잘 견디지 못하는 성질을 갖고 있었어. 그런 데다 날씨까지 추워서 빙산이 배 옆구리를 긁고 지나갈 때 자연스레 '취성 파괴'가 일어난 거지.

어이, 전망대 선원! 차라리 계속 자지 그랬어? 그랬으면 타이타닉 호가 침몰하지는 않았을 텐데……

▶▶진짜 타이타닉 호에 승선했던 사람은 누구?

이 영화에는 무수히 많은 인물들이 등장하지. 그 가운데서 누가 실존 인물이고 누가 허구의 인물일까?

우선 타이타닉 호의 선장은 실제 인물이야. 당시 신규 선박의 처녀 운항과 호화 여객선 선장을 두루 맡았던 사람이지. 대서양 횡단 항로에서도 가장 경험이 많았으며, 그 무렵의 선장치고는 한 유머 했다고 해.

생존자들에 의하면 스미스 선장은 영화에서처럼 조종실에서 배와 함께 가라앉지 않고, 배가 침몰하기 직전 바다에 뛰어들어 주위의 헤엄치는 생존자들을 구명 보트로 인도했대. 자신은 보트에 올라타지 않고……

스미스 선장

스트라우스 부부

또 부부간의 사랑을 다시 한 번 일깨워 준 커플이 있지. 바로 스트라우스 부부인데, 당시 남편의 나이가 67세였다지?

스트라우스 부인은 구명 보트에 타라는 권유를 두 번이나 뿌리친 채 남편과 마지막 순간을 같이했대. 보트에는 자기 대신 하인을 태운 뒤, 입고 있던 모피 코트마저 벗어서 건네주었다고 해. 마지막에 남편이 다시 보트에 부인을 강제로 태운 후 물러서자, 이 또한 뿌리치고 나와서 남편과 뜨거운 포옹을 했다지. 노년의 사랑도 대단하지 않니?

하틀리 헨리

영화를 본 사람들은 이 바이올리니스트를 기억할 거야. 하틀리 헨리. 영화에서처럼 하틀리가 이끄는 8인조 악단은 타이타닉 호가 침몰하는 마지막 순간까지 계속 연주를 했다고 해. 그는 호화 유람선의 연주를 도맡아 온 베테랑 연주자였대. 그런데 타이타닉 호 때는 약혼녀의 곁을 떠나기 싫어서 승선을 무지 꺼렸다더군. 그러다 고객들을 위해 마음을 고쳐 먹고 승선했는데, 안타깝게도 그런 변을 당하고 말았지 뭐야. 정말이지 심심한 애도를 표한다.

모노노케 히메

Mononoke Hime Mononoke Hime Mononok

불로장생의 신비한 명약, 화약?
— 화약에서 로켓까지

인간의 욕심은 어디까지일까?
— 새만금과 갯벌

관련 단원
중학교 과학 3 '물질 변화의 규칙성'
고등학교 과학 '환경' | 고등학교 지구과학 1 '지구 환경의 변화'

19 97년에 만들어진 이 작품은 우리 나라에선 5년이나 늦게, 즉 2003년에 지각 개봉을 했단다. 그 이유는 간간이 등장하는 꽤 잔인한(?) 장면과 일본 문화에 대한 거부감 때문이었어.

그러나 우리 나라의 일본 애니메이션 팬들 사이에선 '원령 공주'란 제목으로 이미 음지(?)에서 친숙해질 대로 친숙해져 있었지. 극장 개봉 제목인 '모노노케 히메'의 '모노노케(物の怪)'는 사람을 괴롭히는 저주의 신을 뜻하고, '히메(姫)'는 아가씨를 뜻해. 그러니까 이 말을 그럴듯하게 번역하면 '원령 공주'가 되는 거지.

일본 애니메이션의 전설로 불리는 미야자키 하야오 감독의 대표작인 이 영화는 구상하는 데만 자그마치 16년이 소요됐대. 게다가 제작 기간 3년에 240억 원의 제작비, 14만 4천 장의 작화 등 기록적인 물량이 대거 투입됐지. 또 1997년 일본 개봉 당시에는 무려 1,420만 명의 관객을 동

어흥, 무섭지? 내가 누구게?

원해서, 2002년 같은 감독이 만든 〈센과 치히로의 행방 불명〉이 개봉되기 전까지 일본 영화사상 최다 관객 동원을 기록했단다. 이전까지 수작업을 고집했던 미야자키 하야오 감독이 최초로 컴퓨터 그래픽을 작업에 도입했던 사실도 화제를 모았지.

내 이름은 센, 그리고 치히로

뭐? 미야자키 하야오 감독이 어떤 사람인지 궁금하다고? 음, 한마디로 일본 애니메이션의 거장이라 불리는 사람이야. 대표작으로는 앞에서 얘기한 〈센과 치히로의 행방 불명〉 외에도 〈천공의 성 라퓨타〉(1986)와 1980년대 최고의 애니메이션으로 꼽히는 〈이웃집 토토로〉(1988) 등 여러 편이 있지.

이 감독의 애니메이션을 자세히 살펴보면 크게 두 가지 공통점을 발견할 수 있어. 첫째, 작품 속의 배경이 일본보다는 유럽 쪽이 많으며, 시기와 국적이 대체로 불분명하다는 거야. 그래서 그의 작품엔 유럽적인 풍경이 많이 등장해. 물론 이 영화는 예외이긴 하지만 말야.

둘째, 영화의 주제나 소재가 대부분 환경보호, 유토피아, 그리고 전쟁에 관한 것이라는 점이야. 그래서 그런지 그의 작품들엔 유토피아스런 마을이 자주 등장한단다.

이 영화에서는 제철소 마을이 거기에 해당

나? 일본 애니메이션의 거장

하겠지? 이 마을에선 전쟁이 자주 일어나는데, 자연과 공존하려 하지 않고 도리어 정복하려는 인간의 욕심 때문이야. 이와 같은 인간과 자연의 대결 구도 또한 하야오 감독 작품의 주된 골격이란다. 앞으로 하야오 감독의 영화를 볼 때는 이러한 점을 염두에 두고 보도록 해. 한층 새롭고 재미있을걸.

불로장생의 신비의 명약, 화약?

영화의 무대는 중세 일본. 이야기는 북쪽의 에미시 족 마을에 거대한 멧돼지 모습을 한 재앙 신이 나타나는 것으로 시작된단다. 에미시 족의 족장 후계자인 아시타카(アシタカ)는 화살로 재앙 신을 쓰러뜨려 마을을 구해 내지만, 오른팔에 죽음의 저주가 담긴 상처를 입게 돼. 그래서 마을 원로의 조언에 따라 홀로 재앙 신의 거주지인 서쪽으로 향하지.

영화의 중반 즈음에 철을 생산하는 타타라바라는 마을이 등장해. 이곳 사람들은 마을을 지킨다는 명목으로 산을 깎고 철을 채취해서 석화시라는 총을 만들어. 뿐만 아니라 자신들이 더 자유롭게 활동하기 위해 신들을 숲에서 몰아내려 해. 그러기 위해서는 석화시라는 총이 필요하고, 그 총을 사용하기 위해서는 화약이 필요하지. 석화시가 뭐냐고? 음, 그 전까지 사용하던 구닥다리 무기인 활과 화살에서 한 단계쯤 업그레이드된 거라고 보면 돼. 한마디로 화약총이지.

오잉, 벌써 무슨 얘기를 할 것인지 감이 잡힌다고? 그래, 눈치 하난 재빠르다. 화약에 대해 얘기할 거란다. 중국의 3대 발명품 가운데 하나인 화약 말이야.

화약을 이용한 석화시(철포)란다.

화약의 발명은 무기와 전쟁의 양상을 완전히 바꾸어 놓았어. 중세 유럽에서는 기사의 몰락을 부추겨서, 중세 봉건 사회를 붕괴하게 만드는 계기가 되기까지 하잖아. 화약이 이렇게 무서운 넘이라니까.

인류 최초의 화약은 발상지나 발명 과정에 대해 이런저런 주장들이 있지만, 대체로 중국의 연단술사가 발명했다고 보고 있어. 잉, 연단술이 뭐냐고? 연단술은 서구의 연금술과 좀 비슷한 건데, 차이점이라면 중국의 도교 사상을 구체적으로 실천하는 방안의 하나로 발전했다는 거야. 연금술은 알잖아. 싸구려 금속으로 금이나 은을 만드는 기술. 물론 연금술이 과학적으로 뺑이란 건 다들 알고 있겠지?

중국의 연단술을 기술한 책에는 "황·초석·목탄(숯)을 섞어서 금을 만들고 또 납을 은으로 변화시켰다."는 허무맹랑하고 용감한(?) 내용들이 들어 있어. 그런데 말야. 황·초석·목탄이 현재 우리가 사용하는 흑색 화약의 성분과 같다는 사실, 알고 있니? 금을 만들 수 있는 게 아니라

불로장생의 약, 화약?

서 좀 섭섭하긴 하지만, 그래도 놀랍잖아.

서기 200년경에 지어진 중국의 의약서 《신농본초경(神農本草經)》을 보면, 이런 기록이 있어.

"(화약의 재료인) 초석과 황 등을 오랫동안 복용하면 몸이 가벼워지고 불로장생한다."

옛날엔 속에 불지를 일이 많았나 봐, 크큭!

그럼에도 불구하고 중국의 화약 관련 기술은 계속 발전했어. 당나라 말과 송나라 초엔 화약을 화살에 붙여 쏘는 기술을 발명하기에 이르렀지. 이게 세계 최초의 화약 무기인 셈이야. 이 때부터 중국인들은 화약을 무기 외의 다른 용도로도 사용하기 시작했단다. 폭죽을 만들어 사용하기도 하고, 광산에서 금이나 은, 석탄 같은 걸 채굴할 때 사용하기도 하고…….

중국에서 발명된 화약은 13세기 초 인도를 거쳐 아랍으로 전파되었다가, 아랍에서 다시 유럽으로 전파되었단다. 남의 나라가 발명한 화약 얘기는 여기까지만 하기로 하고, 이제부턴 우리 나라의 화약 이야기를 해 보도록 하자.

우리 나라가 언제부터 화약을 사용했는지는 정확히 밝혀져 있지 않아. 다만 중국과 지리적으로 가깝기 때문에 아마도 '고려 중엽부터는 화약에 대한 지식이 어느 정도 있지 않았을까?' 라는 추측만 막연히 하고 있을 뿐이지. 고려 말 당시, 우리 나라 해안에는 왜구가 시도 때도 없이 나타나서 민가에 불을 지르고 백성들의 재산을 약탈해서 그 피해가 매우 심각했단다. 왜구로 인한 피해가 전국으로 확산되자, 고려 조정에서는 오직 화약과 화포만이 왜구를 몰아낼 수 있는 방책이라고 판단했어.

그래서 1313년 11월, 중국에 사신을 보내 화약과 화포를 나누어 달라고 간청했지. 당시로서는 화약 제조법이 최첨단 기술이었기 때문에 중국은 그와 관련된 내용을 모두 극비에 부치고 있었어. 그래서인지 고려의 간절한 요청에도 불구하고, 자세한 제조법은 꽁꽁 숨겨 둔 채 생색내기 용으로 개미 눈물만큼의 화약 재료만을 보내 왔단다. 차라리 보내질 말든가, 쩝!

이쯤 되면 등장하실 분이 한 명 있는데, 누구? 맞아, 맞아. 바로 그 이름도 찬란한 최무선 할아버지셔. 최무선 할아버지는 화약처럼 강력한 무기로 무장한 군대가 아니고서는 왜구를 토벌하기가 어렵다고 판단했지. 그러나 중국이 화약의 제조법을 비밀에 부치고 있으니, 우리는 우리대로 방법을 강구해야 할 수밖에.

"그래, 더럽다 더러워, 퉤퉤퉤! 내가 직접 화약을 만들고 만다."

최무선 할아버지는 화약 제조 기술을 알아내기 위해 몇 차례나 중국을 다녀오기도 하고, 또 화약 관련 서적들을 빠짐없이 구해서 꼼꼼하게 읽어 가며 화약 연구에 몰두했단다. 그러나 오랜 노력에도 불구하고, 화약 제조법은 좀처럼 알아낼 수가 없었어. 화약을 만드는 세 가지 원료 중 황과 목탄의 제조법은 알아낼 수 있었으나, 가장 중요한 원료

화약의 원료인 황과 목탄(숯), 그리고 들입다 만들기 힘든 초석(왼쪽부터)

인 초석은 좀처럼 만들어 낼 수가 없었던 거지.

초석이 뭐냐고? 음, 화학명으로는 KNO_3, 우리말로 질산칼륨이지. 거, 왜 있잖아. 용해도 곡선에 잘 나오는⋯⋯. 대개 이넘은 동물의 시체나 배설물 등에 박테리아가 꿰면서 생기거나, 비가 막 갰을 때 (물에 잘 녹는) 이 초석의 원석이 젖은 땅과 섞이면서 땅 위로 올라오게 된단다. 희한하게 만들어지지? 그만큼 만들기가 어렵다는 얘기지.

중국도 결국은 그 방법을 쓴 거야. 땅의 수분이 마르면서 초석이 표면으로 올라오면, 그것을 살짝 긁어 모아 정제하는 방법 말이야. 당시는 화학적 지식이나 기술이 부족하던 때라 순도 높은 초석을 대량으로 확보하기가 어려웠기 때문에, 중국에선 초석의 제조 기술을 1급 국가 기밀로 관리했대.

그렇다고 여기서 포기할 최무선 할아버지가 아니잖아? 수많은 좌절과 시련 속에서 최무선 할아버지는 20여 년 간이나 실험에 실험을 되풀이했지. 그리하여 1376년(우왕 2년), 마침내 독자적인 화약 제조에 성공하게 됐어.

자, 다들 일어나서 박수!!! 당시 최무선 할아버지는 너무나 기뻤던 나머지 몇 날 며칠을 울었다고 해. 사실이냐고? 글쎄, 나도 전해 내려오는 이야기를 들은 거라 확인할 방법은 없지. 큭!

자, 그러면 최무선 할아버지의 초석 제조 비법을 보시라.

최무선 할아버지, 만세!

이렇듯 힘들게 초석 제조법을 알아낸 최무선 할아버지는 곧 본격적인 화약 제조에 들어갔지. 당시 할아버지는 초석 1근과 버드나무로 만든 목탄 재 3량, 고운 황가루 3돈쭝을 섞어서 화약을 만들었어. 다시 말해 염초와 목탄과 황의 조성비를 78 : 15 : 7로 했는데, 이 비율은 현재 사용되고 있는 흑색 화약의 조성비 6 : 1 : 1과 그리 큰 차이가 없단다. 화학적 지식이 부족했던 당시에 20여 년 간의 독학으로 화약의 조성비를 알아냈다는 사실이 무지 놀랍지 않니?

어렵사리 화약 제조에 성공한 최무선 할아버지는, 고려 조정에 건의하여 화약과 화포 제조를 관리하는 정부 공식 기관 화통도감을 설치하게끔 했지. 이후 20종에 가까운 화포가 제조되었어. 그 중 하나인 '달리는 불' 이란 뜻의 '주화(走火)'는 우리 나라 최초의 로켓이자, 세계에서 가장 오래된 공격용 로켓이란다.

주화를 개량하여 만든 로켓 병기 신기전

화약을 만든 것도 대단한데 로켓까지! 정말로 존경해 마지않을 수 없다.

주화가 어떤 넘이냐고? 음, 화살 앞부분에 종이를 말아서 만든 통을 매단 뒤, 그 속에 화약을 집어 넣고 점화선에 불을 붙이면 종이통 속의 화약이 타면서 연소 가스를 뒤로 분출하게 돼. 바로 그 힘으로 날아가는 로켓 무기야.

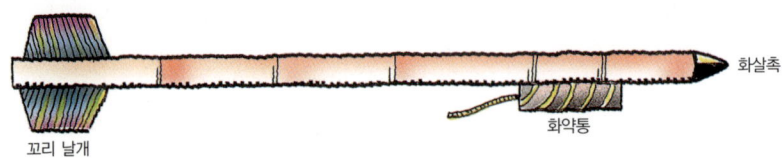

세계 최초의 공격용 로켓 '주화'의 기본 구조

이 화포가 왜구를 섬멸하는 데 큰 위력을 발휘한 것은 두말할 나위가 없겠지? 기록을 보면, 화포를 쏘아 대며 달려드는 고려 전함을 보고 왜구는 간담이 서늘해져서 도망쳤다고 해.

화약의 3대 재료 중 하나인 초석의 제조 비법을 알아내기 위해, 20여 년이란 긴 세월 동안 피나게 노력한 최무선 할아버지의 집념을 기리며 박수~, 짝짝짝!

최무선 할아버지가 화약을 만들지 못했다면, 우린 비싼 로열티를 물고 외국에서 화약 제조 기술을 사 왔을지도 몰라. 만일 그랬다면 우리가 문방구에서 500원만 내면 살 수 있는 장난감 화약인 콩알탄도 무지막지하게 비싸졌겠지? 그랬으면 돈 많은 집 아이들만 콩알탄을 갖고 놀았을 테고……. 그것

콩알탄에도 화약이 들어 있단다.

은 곧 계층간 위화감(?)으로 발전해서 사회적인 문제로 비화됐을지도 모르지. 이런 문제가 발생하지 않게 된 것이 다 누구 덕이라고? 그렇지, 최무선 할아버지. 콩알탄 하나 던질 때에도 꼭 감사한 마음을 가지도록 해. 알았지?

인간의 욕심은 어디까지일까?

이 영화의 주제는 아마도 자연을 정복하려는 인간과 인간 때문에 황폐해지는 자연을 대비시킴으로써, 인간이 자연을 어떤 식으로 파괴해 왔는지를 알리는 데 있을 거야. 결국 자연을 정복하려는 인간에게 돌아오는 건 무시무시한 환경 문제란 얘기지.

그렇다면 이번엔 최근 들어 심각한 사회 문제로 대두되고 있는 환경 문제에 대해 짚고 넘어가자. 얼마 전 우리 나라에서 아주 큰 논란을 일으켰던 환경 문제 생각나니? 새만금 간척 사업 말이야. 해야 된다는 둥 말아야 된다는 둥 하면서 환경 단체와 정부가 피 터지게 싸웠잖아.

새만금 간척 사업이 뭐길래 그렇게 난리가 났던 것일까? 새만금 간척 사업은 국토를 확장해서 산업 용지와 농지를 조성한다는 취지로 계획된 대규모 간척 사업을 말해. 사업 대상지는 전라북도 군산시 · 김제시 · 부안군 일대 갯벌이지. 이 지역이 다 간척되면 여의도 면적의 140배 가량 되는 땅이 새로 생겨난다지? 본래 공사 기간은 1991년부터 2004년까지로 잡혀 있었어.

정부는 새만금 간척지가 필요한 이유를 크게 세 가지로 이야기하고 있단다. 첫 번째, 인구 증가와 도시화로 사라져 가는 농지를 대체하기 위해

숲을 태우면, 복구하는 데 30년 이상 걸린다.

서라고 해. 우리 나라 국민 4,700만 명의 식량을 생산하기 위해서는 최소한 100만 ha(헥타르, 면적의 단위인 거 다들 알지?)의 쌀 재배 면적이 유지되어야 하는데, 지난 10년 동안 22만 ha의 농지가 도로·주택·산업 용지로 전환되는 바람에 겨우 108만 ha만이 남아 있다는 거야. 그것만 갖고는 우리 나라 국민들이 먹고 살기가 아슬아슬하다는 거지.

그런데 말야. 쌀은 1990년대를 제외하고는 꾸준하게 100% 자급돼 온 대표적인 농작물 중의 하나란다. 쌀 자급도가 떨어지는 것은 쌀을 생산할 땅이 부족해서가 아냐. 쌀농사를 지어 봤자 소득이 시원치 않으니까, 농민들 스스로 논을 밭으로 전환하거나 아예 쉬어 버리는 게 문제지.

두 번째 이유로는 수자원 확보를 들었어. 우리 나라는 UN에서 분류한 아시아 유일의 물 부족 국가로, 2011년이 되면 약 18억 t의 물이 부족할 거라네. 그래서 새로 만들 간척지로 들어오는 만경강과 동진강의 물을 담수로 만들어(바닷물의 소금기를 제거한다는 뜻이야.) 연간 5억 3,500만 t의 수자원을 창출해 내자는 거야. 11,180ha의 새만금호 조성은 중간 크

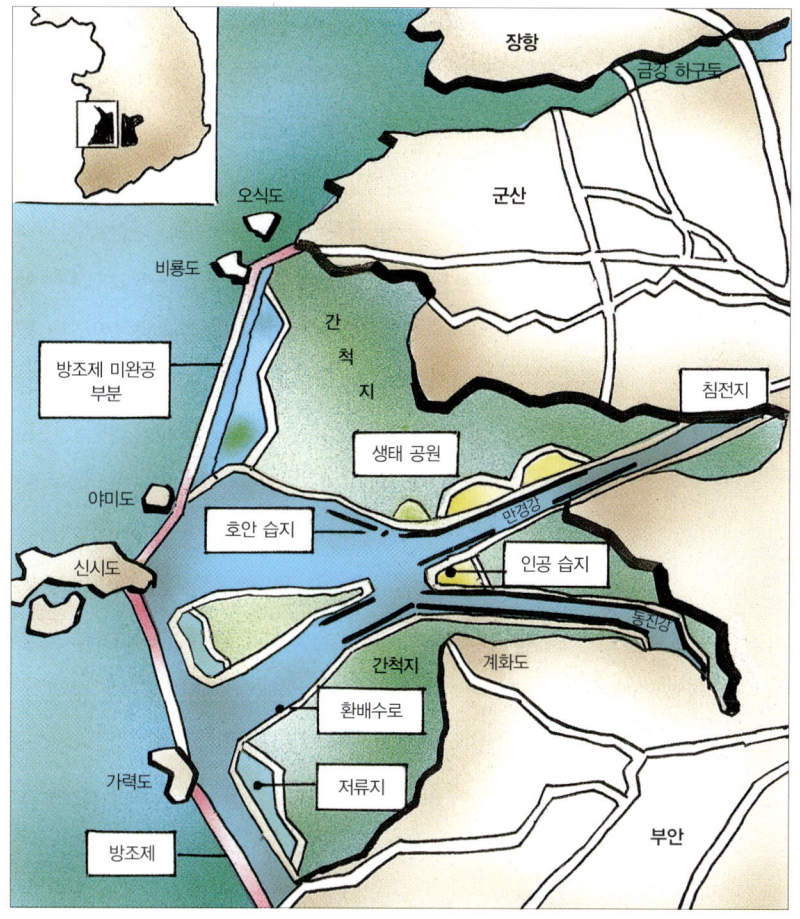

장항

금강 하구둑

오식도

비롱도

군산

방조제 미완공
부분

간
척
지

침전지

생태 공원

야미도

호안 습지

만경강

신시도

인공 습지

동진강

가력도

간척지

계화도

환배수로

저류지

방조제

부안

녹색 땅이 간척지란다.

기의 저수지 200개를 축조하는 것과 같은 효과를 갖는다고 하니까.

이 말은 맞아. 우리 나라는 UN이 지정한 물 부족 국가로 하루빨리 대
책을 세워야 하거든. 그래서 정부는 우리가 먹는 물인 상수원을 중심으
로 4대 강 수질 개선 대책을 실시하고 있는 거잖아. 그런데 이렇게 수질

을 개선하고 수자원을 확보하는 데 드는 비용이 만만치가 않단다.

한 예로 한강 수계 수질 개선비가 t당 1,023원에 달한다고 해. 또 상수원 지역 주민들의 불만이 크기 때문에, 정부는 하류에 사는 서울 시민에게 물 이용 부담금을 받고 있기까지 하지.

그런데 농사를 짓는 데 필요한 농업 용수나 공장을 가동하는 데 드는 공업 용수를 확보하기 위해 새만금호를 만든다는 게 말이 되니? 새만금의 수질을 개선하는 데 드는 비용이 무려 t당 3,088원에 달하는데? 상식적으로 생각해 봐. 사람이 먹는 물에 비해 세 배나 더 많은 돈을 들여서 농업 용수를 확보한다는 게 이치에 닿느냔 얘기지.

정부가 든 세 번째 근거는 식량의 무기화에 대비하겠다는 거야. 최근 여러 나라에서 식량을 무기로 삼을 태세를 취하고 있거든. 그러니 대규모 농지를 조성하여 불확실한 미래도 대비하고, 다가올 통일 시대를 준비하면 얼마나 좋으냐는 거지.

그래, 세계적인 기상 이변이나 국제 쌀 시장의 취약성을 고려할 때 안정적인 식량 자급 기반을 마련해야 한다는 말은 백번 옳아. 식량 안보는 정부의 주장처럼 중요한 문제니까. 그러나 식량 안보를 위해 자연 환경을 심각하게 파괴한다는 것은 문제가 크다고 봐. 그러면 이쯤에서 새만금 간척 사업이 가져올 피해를 한번 살펴보도록 하자.

첫째, 전라북도 지역의 갯벌이 90% 이상 사라지게 돼. 갯벌은 흔히 생각하듯 쓸모 없는 땅이 아니란다. 하천이나 강을 통해 육상의 유기 영양 물질을 끊임없이 공급받기 때문에 영양이 아주 풍부한 땅이야. 그래서 지구상에 존재하는 생물의 20% 가량이 이 갯벌에서 서식하고 있잖니? 그뿐 아니라 민물과 바닷물이 교차되는 지점이라 다른 곳에서는 볼 수 없는, 희귀한 종의 생물들이 많이 살아가고 있기도 해. 또한 인근 연

새만금 간척지가 생기면 이런 것들이 다 사라진단다.

안 어류들의 산란장이기도 하지.

결국 갯벌이 없어진다면 다양한 종의 생물들이 살아갈 터전을 잃게
돼. 그러다 보면 생태계의 먹이 사슬이 끊어져서 어족 자원이 줄어들게
마련이지. 갯벌의 감소로 인한 피해는 머지않아 서해안 전체로 확산될
걸. 벌써부터 방조제 밖에서까지 어획량이 현저히 줄어들고 있다잖아.

새만금 사업의 두 번째 폐해는 철새 도래지가 사라진다는 거야. 새만금
갯벌은 북쪽으로 금강 하구의 영향을 받는 데다, 동진강과 만경강이 유
입되고 있어서 하구 갯벌이 아주 건강하게 발달되어 있어. 그래서 이 지
역은 우리 나라 최대의 철새 도래지라 불린단다.

환경부가 내놓은 자료에 따르면, 2000년 2월 전문가 105명이 주요
철새 도래지 100군데에서 동시 조사를 했더니, 186종 1,184,000마리
의 철새가 관찰되었대. 173종 1,068,000마리가 관찰되었던 1999년보
다 13종 116,000마리가 더 늘어난 결과라고 하더군.

철새들은 이렇게 해마다 수를 늘여 새만금을 찾아오는데, 그 곳이 사
라져 버린다면 어떻게 되겠니? 삶의 터전을 잃어버린 그 새들이 어디로
가야 하느냔 말이지. 도요새같이 희귀한 새는 아예 우리 나라에서 멸종
돼 버리고 말걸. 무섭지 않니? 멸종이란 말……

진짜로 새만금 좀 살려 주세요~

　마지막으로 한 가지 더 이야기하면, 간척 사업은 또 다른 측면에서도 엄청난 환경 파괴를 가져올 수 있어. 방조제를 쌓기 위해선 아주 많은 양의 흙이 필요한데, 새만금 방조제의 경우 60% 공정을 마친 현재, 이 흙을 대느라 국립 공원에 있는 산 하나가 통째로 사라졌대. 문제는 앞으로 남은 40% 공정을 마치기 위해 어디서 그 많은 흙을 가져오느냐 하는 거지.

　지금 당장을 위한 개발이냐? 후손을 위한 환경 보존이냐? 이 문제는 인간의 문명이 발전하는 한 계속될 화두일 거야. 후손들에게 부끄럽지 않을 판단을 하자고!

▶▶ 새만금 갯벌의 기도문

세상 만물의 주인이신 창조주 하느님,
당신으로부터 너무도 멀리 떨어져 나온 저
희를 용서하소서. 저희는 당신이 손수 빚으
시고 '참 좋구나.' 하시며 기뻐하신 조화와
평화의 세상을 저버려 왔습니다.
저희는 하늘과 땅을 갈라놓았습니다. 어둠
과 빛을 깨고, 낮과 밤을 흐리게 했습니다.
육지와 바다를 파괴했으며, 흘러야 할 것을
막고 창공의 새들과 온갖 고기의 씨를 말렸
습니다.

세상 만물 속에 깃들여 계신 하느님,
당신의 육신을 끊임없이 상처 내고 죽여 온
저희를 용서하소서. 저희는 자연으로부터
우리가 필요로 하는 것보다 더 많은 것을 얻
고 착취해 왔습니다.
그저 묵묵히 받아 주길래 자연에 대한 고마
움도 공존해야 할 필요도 몰랐습니다. 언제
까지 원하는 대로 무한히 내주는 줄로만 알

았습니다.
당신께서 육화하신 그 피조물들 위에 군림
하며, 그것들이 죽어 가며 고통스럽게 외치
는 소리를 거부해 왔습니다.

세상 만물의 숨결이신 생명의 하느님,
저희로 하여금, 저 죽어 가는 새만금 갯벌 생
명들의 허덕이는 숨소리를 외면하지 말게
하소서. 갯지렁이의 몸짓 하나에서도, 작은
조개 하나에서도, 또 도요새의 날갯짓 하나
에서도 그것들이 품고 있는 거대한 생명의
신비를 결코 놓치지 않게 하소서.
대대손손 의지하며 살아온 삶터를 잃는 어
민들의 눈물과 비탄 속에서 하느님, 당신의
고통을 보게 하소서. 갯벌을 잃고 함께 죽어
가는 육지와 바다와 산도 보게 하소서. 결국
은 시멘트 건물과 아스팔트 위에 홀로 남아,
영혼의 외로움으로 죽어 갈 인간의 미래 또
한 부디 알게 하소서.

세상 모든 것을 조화와 평화로 이끄시는 하
느님,
더 이상 파괴와 절망이 아닌, 새 살과 생명으
로, 희망으로 피어나는 새만금 갯벌이 되게
하소서. 죽어 가는 갯벌의 생명들이 모두 일
어나 기쁨의 춤을 흐드러지게 추는, 새만금
갯벌의 부활 사건을 믿는 이 시간, 저희들이
되도록, 그리하여 저희가 다시 당신에게로
돌아가는 백성이 되도록 이끌어 주소서.

— 생명 평화 연대 천주교 모임

모 노 노 케   히 메   **73**

2009 로스트 메모리즈

Lost Memories 2009 Lost Memories 200

거꾸로 강을 거슬러 오르는 저 힘찬 시간들처럼!
— 시간 여행과 인과율, 그리고 어머니 살해 패러독스

할아버지, 할머니, 아버지, 어머니, 손자가 모두 한 사람?
— 타임머신

관련 단원
고등학교 과학 '과학과 사회'

"**만**약 조선 통감 이토 히로부미를 노린 안중근 의사의 거사가 실패했다면?"이라는 패씸하기 짝이 없는 설정으로부터 출발한 영화. 제작사는 관객이 3백만 명 이상 동원될 거라 기대했지만, 2백만 명밖에(?) 들지 않아서 자기들 나름대로 흥행에 실패한 영화라고들 하지.

게다가 시간 여행을 하다 보면 발생하게 마련인 물리학적 오류들을 너무도 쉽게 간과한 나머지, 영화 후반부가 코미디 비슷하게 되어 버리는 허점을 남기고 말았더군. 이 부분은 뒤에서 설명하기로 하고, 일단 줄거리부터 알아보도록 하자.

영화 속에선 1909년에 있었던 안중근 의사의 이토 히로부미 암살이 실패로 돌아가고, 일본은 제2차 세계 대전에서 승리하여 한국을 계속 지배하는 걸로 돼 있어. 1988년 서울 올림픽 대신 나고야 올림픽이 열리고, 서울은 일본의 제3도시인 경성으로 존재하고 있지.

누굴 쏴야 하나? 친구 사이고? 이노우에? 이토 히로부미?

광화문의 이순신 장군 동상 자리에는 도요토미 히데요시의 기마상이 세워져 있고, 2002년 일본 월드컵에서 멋지게 한 골을 넣은 이동국 선수의 가슴엔 태극기가 아닌 일장기가 버젓이 붙박여 있어. 생각만 해도 끔찍하지 않니?

여기서 조선인의 혈통을 가진 일본인(?) 장동건은 아버지의 뒤를 이어 일본 경찰이 돼. 투철한 직업 의식으로 무장한 뒤, 조선 독립을 위해 투쟁하는 조선인들을 무참하게 사살하지. 그러던 중 어떤 사건을 조사하다가, 뜻하지 않은 벽에 부딪히고 말아. 나머지 내용은 직접 알아보셔. 다 얘기해 주면 재미 없잖아.

거꾸로 강을 거슬러 오르는 저 힘찬 시간들처럼!

2009년, 일본인 고고학자 이노우에는 만주 하얼빈에서 옛 고구려인들이 만든 영고대와 월령을 발견해.

그는 이것들을 통해 과거로 시간 여행을 할 수 있다는 사실을 알게 되지. 여기서부터 일이 꼬이기 시작해.

이 사실을 보고받은 일본 정부는 제2차 세계 대전의 패배에 대한 기억을 지우기 위해, 이노우에를 1백 년 전인 1909년으로 보내. 안중근 의사가 이토 히로부미를 암살하지 못하도록 역

결국 시간 여행이 문제란 말이지?

이렇게 엉성한 기계로 시간 여행을 할 수 있을거나?

사를 바꿔 놓기 위해서지.

이른바 시간 여행을 하게 되는 거지. 시간 여행은 SF 영화의 단골 소재이기 때문에 이미 여러 번 접해 봤을 거야. 새삼스럽게 여기서 시간 여행이 가능하니 어쩌니 하면서 입씨름을 벌이고 싶진 않아. 반만 년의 유구한 역사와 국가의 무궁한 발전, 그리고 국민 대화합을 위해서 시간 여행이 가능하다는 전제를 깔고 이야기를 풀어가도록 하자. 자, 준비됐지? 출발한다!

시간 여행이란 개념이 처음 등장한 것은 1895년 영국의 소설가 H. G. 웰스가 발표한 공상 과학 소설 《타임머신》에서란다. 이 소설이 발표된 후, 많은 사람들은 실제로 타임머신이란 기계가 존재해서 시간 여행이 가능해졌을 때 생길 수 있는 문제점들에 대해 의견이 분분했지.

그 중 논리적으로 가장 크게 대두됐던 문제는 '어머니 살해 패러독스' 란다. 뭔가 끔찍스럽기는 한데, 무슨 내용인지 퍼뜩 감이 오진 않지? 음, 먼저 패러독스가 무엇인지부터 알려 줄게. 패러독스는 표현상으로든 구조상으로도든 모순되는 논리를 갖고 있는 걸 말해.

즉, '어머니 살해 패러독스'란 '자신이 태어나기 전의 과거로 돌아가서 어머니를 느닷없이 살해한다면 나 자신은 어떻게 될 것인가?'라는 엽기적인 가정에서 발생하는 논리적 모순을 의미하지.

만일 시간 여행을 통해서 과거로 돌아가 어머니를 살해한다고 생각해 봐. '나'는 어떻게 되겠니? 어머니가 없으니까 당연히 태어날 수 없겠지? 그러면 '나'가 과거로 가서 어머니를 살해할 수 있겠니? 이쯤 되면 무언가에 속은 듯한 느낌이 살포시 들걸. 그렇지 않니?

반대로 어머니가 죽지 않는다면? 물론 '나'는 태어날 수 있겠지. 그러면 '나'는? 시간 여행을 통해서 과거로 돌아가 어머니를 죽이게 될 거잖니? 역사적 사명을 띠고 이 땅에 태어났으니까. 이것 참, 이야기할수록 이상야릇해지는구먼. 닭이 먼저냐, 달걀이 먼저냐? 현재가 먼저냐, 과거가 먼저냐? 어허, 대체 어디서부터 꼬이기 시작한 거야?

이렇게 아리송하기만 한 '어머니 살해 패러독스'를 마음껏 우롱한 영화가 한 편 있지. 바로 초특급 울트라 캡션 근육맨 아널드 슈워제네거를 대번에 월드 스타로 만들어 버린 〈터미네이터〉 시리즈 말이야.

영화 내용을 한번 살펴볼까? 1편의 시대적 배경은 2029년이야. 인공 지능 컴퓨터에 반기를 든 반기계 연합군의 사령관 존 코너와 인공 지능 컴퓨터가 부하들을 제각기 1984년으로 보낸단다. 인공 지능 컴퓨터는 존 코너의 어머니 사라 코너를 죽이기 위해 터미네이터를, 존 코너는 자신의 어머니를 보호하기 위해 카일 리스를 보내지.

미래에서 온 카일 리스는 터미네이터로부터 사라 코너를 보호하다가 죽게 돼. 그 와중에 사라 코너는 사령관 존 코너를 임신하게 되고……. 하도 복잡하게 얽혀서 뭐가 뭔지 하나도 모르겠지?

카일 리스, 네가 미래에서 오지 않았다면 나도 안 만들어졌을 테지.

2편은 여기서 한술 더 떠. 1편에서, 인공 지능 컴퓨터가 보냈던 터미네이터의 손이 부러지는 바람에 사람들은 연구에 연구를 거듭해서 인공지능 컴퓨터를 만들어 내. 그런데 이 인공 지능 컴퓨터들이 반란을 일으켜서 인류는 큰 전쟁에 휘말리고 만단다.

만일 이 때 카일 리스가 2029년에서 1984년으로 오지 않았다면 어떻게 됐을까? 음, 사령관 존 코너가 태어나지 않았겠지? 사령관 존 코너가 태어나지 않았다면 터미네이터가 올 일이 없었을 테고……

터미네이터가 오지 않았다면 팔이 부러지지도 않았겠지? 팔이 부러지지 않았다면 인공 지능 컴퓨터도 만들어지지 않았겠지? 마지막으로 인공 지능 컴퓨터가 만들어지지 않았다면, 인류와 기계 사이의 전쟁 역시 일어나지 않았을 거야.

무지 복잡한 듯이 보여도 결론은 아주 간단해. 카일 리스가 사라 코너를 보호한다는 명목으로 2029년에서 1984년으로 오지 않으면 모든 게 깔끔하게 해결되거든. 다만 2029년에서 온 카일 리스가 1984년 존

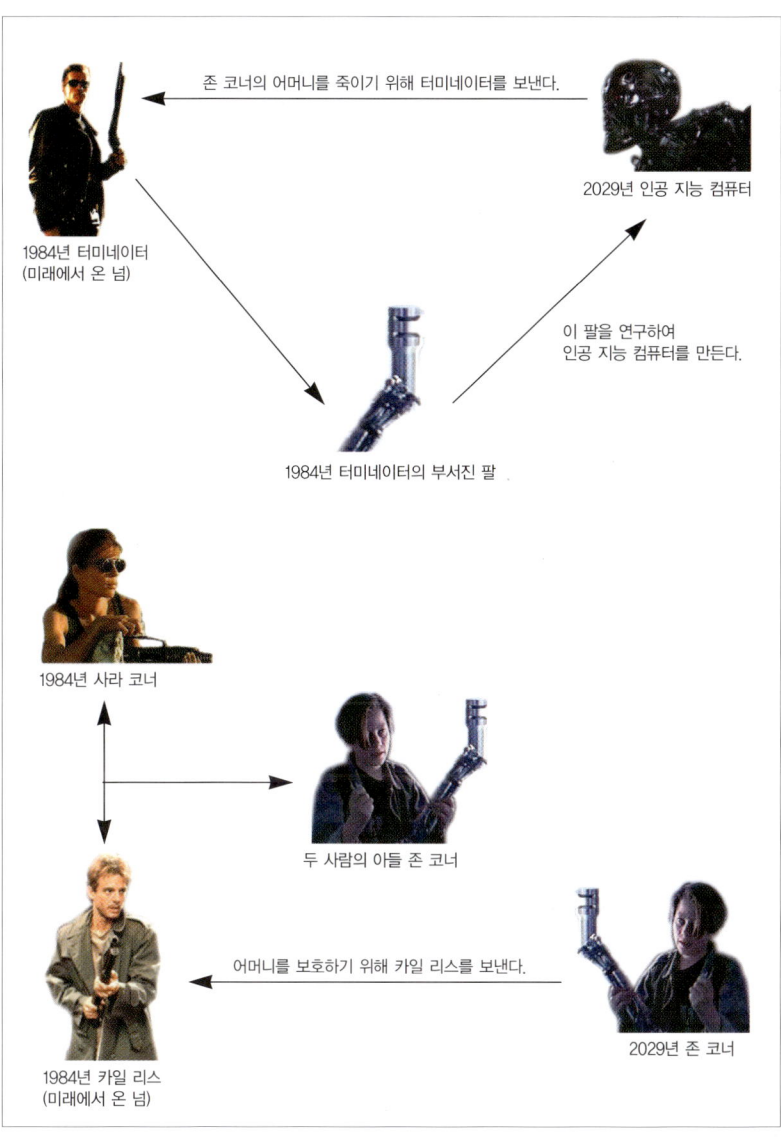

존 코너의 어머니를 죽이기 위해 터미네이터를 보낸다.

2029년 인공 지능 컴퓨터

1984년 터미네이터
(미래에서 온 넘)

이 팔을 연구하여
인공 지능 컴퓨터를 만든다.

1984년 터미네이터의 부서진 팔

1984년 사라 코너

두 사람의 아들 존 코너

어머니를 보호하기 위해 카일 리스를 보낸다.

2029년 존 코너

1984년 카일 리스
(미래에서 온 넘)

터미네이터의 가계도와 실타래처럼 얽힌 과거와 현재, 미래

코너의 아버지란 사실이 좀 걸쩍지근하긴 하지만……. 2029년에서 온 카일 리스가 먼저냐, 1984년에 태어난 존 코너가 먼저냐? 이걸 누가 대답해 줄 수 있겠니?

자고로 물리학의 기초를 이루는 것, 아니 모든 학문의 기초를 이루는 것을 좀 유식한 말로 표현하면 '인과율'이라고 해. 인과율이란, 말 그대로 원인이 있어야 결과가 있다는 뜻이잖아.

밥을 먹어야 배가 부른 거고, 배가 불러야 응가를 하는 거지. 응가를 해야 배가 부르고, 배가 부르면 밥을 먹어야 하는 일은 절대로 일어날 수 없는 거잖아. 이것이 다 거스를 수 없는 자연의 섭리니까 말야.

이 영화도 마찬가지야. 2009년에 일본인 이노우에가 1909년으로 거슬러 올라가서 역사를 바꾼다는 거잖아. 2009년 사람인 이노우에가 존재해야, 1988년 나고야 올림픽이나 2002년 일본 월드컵이 가능하게 돼. 혹시 시간이 연어라도 되는 줄 아는 것 아냐? 강을 거꾸로 거슬러 오르는 저 힘찬 연어들처럼 무작정 밀고 나가게…….

끝으로 한마디만 덧붙일게. 영화를 본 사람만이 이 말을 이해할 수 있을걸.

"마지막에 안중근 들입다 황당했겠다."

왜 이런 말을 하는지 궁금한 사람은 얼른 비디오 가게로 뛰어가 보셔.

할아버지, 할머니, 아버지, 어머니, 손자, 모두가 한 사람?

시간 여행 패러독스를 다루고 있는 작품들 중 가장 머리를 복잡하게 만드는 것은 바로 로버트 하인라인의 단편 소설 〈그대들은 모두 좀비〉일 거야. 내가 봐도 머리가 띵하던걸. 그래서 내가 이 원작을 〈드래곤 볼〉의 주인공들에 대입시켜서 적당히 각색을 해 봤지. 이렇게 해야 머리가 덜 고생하잖아.

먼저 등장 인물들, 짜자잔!

찌찌(여자)　　　그(남자)　　　아기　　　방랑자　　　바텐더　　　원로 회원

봤지? 간다. 간만에 좀 컬러풀할 거야.

1945년 찌찌라는 한 여자애가 영문도 모른 채 어느 고아원에 맡겨져. 그 다음은 안 봐도 비디오! 찌찌는 외로움과 낙담 속에서 하루하루 생활해 나가지.

세월이 흘러 1963년의 어느 날, 찌찌는 한 방랑자에게 이상하게 마음이 끌리는 걸 느껴. 마치 자석의 N극과 S극처럼 자신의 의지로 어떻게 하기 힘들 만큼 강렬한 힘으로 이끌려 들어가는 느낌…… (너희들도 느껴 봤니?) 아니나다를까, 오래지 않아 찌찌는 이 방랑자와 사랑에 빠지게 돼.

그러다 방랑자의 아이를 임신하게 되지. 삼류 영화에서처럼 방랑자는 편지 한 장 없이 홀라당 사라져 버린단다. 비겁하게시리……. 그래도 찌찌는 이를 앙다물고 열 달을 꼭 채워서 아이를 낳으러 병원으로 가. 그런데 이를 어째? 분만을 시도하던 중, 의사는 놀라운 사실을 발견하게 된단다.

세상에, 찌찌가 남녀의 특징을 모두 갖고 있지 뭐야. 그것 때문에

찌찌 의 생명이 위태로워지자, 의사는 그녀(?)를 구하기 위해서 어쩔 수 없이 성 전환 수술을 해. 그 바람에 찌찌 는 남자 로 바뀐단다.

그런데 이 때, 이상한 넘 하나가(아래를 보면 누군지 알게 돼.) 남자가 된 찌찌(그)의 아기 를 분만실에서 납치해 가 버려.

그 는 이 일로 상처를 심하게 받은 뒤, 스스로 추스르지를 못하고 떠돌이 주정꾼 신세가 돼. 어린 나이에 부모를 잃은 데다 첫사랑의 남자 한테 버림받고, 급기야 목숨 걸고 낳은 아이 마저 잃었으니 그 심정 백번 이해한다. 아아, 슬퍼라. 이것 참, 신파극도 아니고 삼류 연애 소설도 아니고……. 아무튼 내 가슴도 함께 미어진다.

7년 후인 1970년 어느 날, 그 는 우연히 '팝스 플레이스' 라는 술집에 들러. 바에 앉아서 안주도 없이 술을 들이키며, 눈물 없이는 들을 수 없는 자신의 비극적인 이야기를 나이 든 바텐더 에게 털어놓지.

얘기를 들은 바텐더 는 딱한 마음을 감추지 못하며 그 에게 한 가지 제안을 한단다. '시간 여행 단체' 에 가입하는 조건으로, 찌찌 를 임신시킨 뒤 훌쩍 떠나 버린 그 방랑자 에게 복수할 기회를 주겠다는 거야. 이른바 시간 여행을 통해 과거로 돌려보내 주겠다는 거지.

결국 두 사람 은 타임머신을 타고 과거로 돌아간단다. 바텐더 는 그 를 1963년에다 떨궈 줘. 1963년은 바로 찌찌 와 방랑자 가 만났던 해야. 기억나니? 그런데 그 는 이상하게도 고아 출신인 한 여자 에게 마음이 끌리는 것을 느껴. 결국 그 여자 는 임신을 하게 되지.

한편 바텐더 는 그로부터 9개월 뒤, 어느 병원에서 여자 아기를 납치해 1945년으로 건너간단다. 그리고 한 고아원에다 이 아기를 맡겨 놓아.

그러고 난 뒤, 그 를 '시간 여행 단체'에 등록시키기 위해 다시 1985년에 데려다 놓는단다. 바텐더 의 권유로 '시간 여행 단체'에 가입한 그 는, 그 동안의 방황을 끝내고 새로운 삶을 살아가게 돼. 그리하여 훗날 이 단체에서 가장 존경받는 원로 회원 이 되지.

그러던 어느 날, 이 원로 회원 은 시간 여행을 즐기기 위해 바텐더 로 위장한 뒤, 또다시 과거로의 여행을 떠나. 1970년 '팝스 플레이스'에서 떠돌이 주정꾼 을 만나던 운명의 그날로……

에휴, 지금 이 글을 읽고 있는 너희들의 심정이 어떠할지 백번 짐작이 간다. 머릿속에 안개가 자욱이 끼는 것 같지? 뭐가 뭔지 도통 알 수가 없어야지. 처음엔 누구나 다 그래. 나도 그랬거든.

자, 정리해 보자. 누가 찌찌 의 어머니이고 아버지인지…… 할아버지에다 할머니, 아들, 딸, 손녀, 손자, 수없이 많은 사람들이 등장하는 것 같지만, 찬찬히 따져 보면 이 이야기에 등장하는 이러저런 이름의 사람들은 모두 같은 인물이야. 다소 충격적이겠지만, 마음을 가다듬고 곰곰이 생각해 봐. 틀림없을 테니까.

시간 여행이 가능하다면, 찌찌 는 1963년에 출산을 한 뒤 그 로 바뀌고, 그 는 우연한 계기로 시간 여행을 마치고 돌아온 뒤 1985년에 이르러 '시간 여행 단체'의 원로 회원 이 돼. 그럼 = = 이 되는 셈이잖아.

그런데 시간 여행의 재미에 푹 빠진 이 원로 회원 은 바텐더 로 위장한 뒤, 1970년 '팝스 플레이스'에서 과거의 그 를 만나지. 다시 말하면, = = 라는 등식이 성립하는 셈이야. 자, 계속 간다.

'팝스 플레이스'에서 바텐더 는 그 를 어떻게 하니? 시간 여행을 통해서 1963년으로 보내잖아. 그 바람에 그는 방랑자가 되어 찌찌 앞에 나타나지. 두 사람은 곧 사랑에 빠지게 되는 거고…… 결국 그와 방랑자는 같은 사람인 거잖아. 따라서 = = 라는 결론이 나오지.

애기가 이쯤에서 끝나 주면 얼마나 고맙겠니? 그런데 바텐더가 또 일을 저지르잖아. 9개월 뒤로 냉큼 날아가서, 그(녀) 의 아기를 훔친 뒤 어느 고아원에 맡기지. 이렇게 되면 = 와 같은 등식이 성립하게 돼.

그래서 시간 여행이 정말로 가능하다면,

이라는 해괴망측한 결과가 도출되고 마는 거야. 시간 여행이란 넘, 머리 엄청 복잡하게 만든다, 그지? 참 매력적이기는 한데……. 만약 현실적으로 이것이 가능하게 된다면 여러 사람 골치 아프게 만들 것 같아. 어야, 그렇다고 책 보다 잠들면 어떡해?

▶▶야스쿠니 신사, 이쯤에서 정신 차리는 게 좋을걸

얘가 야스쿠니 신사란다.

해마다 8월 15일이 되면, 우리 나라 신문과 방송에선 늘 이렇게 떠들어 대지.

'일본 총리 야스쿠니 신사 참배', '주변국 강력 항의' 어쩌고 저쩌고……. 아무래도 '야스쿠니 신사 참배'가 말썽인 모양인데, 도대체 이념이 뭐길래 이토록 민감한 반응을 일으키는 걸까? 너희들도 궁금하지? 흐흐흐, 알았어, 알았어. 가르쳐 줄게, 기다려.

음, 야스쿠니 신사가 세워진 건 1869년이야. '신사(神社)'는 일본에 있는 것인데, 황실의 조상이나 국가에 공로가 큰 사람을 신으로 모셔 놓은 사당을 말해.

처음에 야스쿠니 신사는 일본의 근대화 운동인 메이지 유신 때 숨진 사람들의 넋을 기리는 시설로 만들어졌어. 그러다가 나중에는 일본이 치른 내란과 전쟁, 이를테면 청일 전쟁, 러일 전쟁, 제2차 세계 대전 등에서 숨진 사람들까지 이 곳에 모셔 놓고 기리게 됐지. 현재 246만여 명의 이름이 보관되어 있단다. 우리 나라의 국립 묘지처럼 유골이 실제로 안치돼 있는 것은 아니고.

나라를 위해 싸우다 숨진 사람을 모시는 건 세계 어느 나라나 다 있는 일인데, 왜 유독 일본의 야스쿠니 신사만 문제가 되느냐 하면 말이지.

음, 이 야스쿠니 신사에 제2차 세계 대전의 A급 전범 14명이 포함되어 있기 때문이야. A급 전범이란, 제2차 세계 대전 당시 총리 자리에 있으면서 전쟁을 기획하고 지휘했던 도조 히데키 등 핵심 인물 25명을 말해.

결국 일본 총리가 야스쿠니 신사에서 절을 한다는 것은, A급 전범의 혼령 앞에서 일본인을 대표해 존경과 추모의 뜻을 표시하는 셈이 되는 거야. 그러니 제2차 세계 대전의 큰 피해자인 우리 나라나 중국으로선 팔짝 팔짝 뛸 노릇이지.

이뿐 아니야. 야스쿠니 신사에는 2만 1천 명이나 되는 우리 나라 사람의 이름도 함께 들어 있단다.

불행하게도 태평양 전쟁 때 자신의 의지와는 상관없이, 일본 군대에 끌려갔다가 희생을 당한 우리 조상들이지.

현재 그 유족들이 야스쿠니 신사 명부에서 한국인 희생자들의 이름을 제외해 달라는 소송을 일본에 내놓은 상태란다.

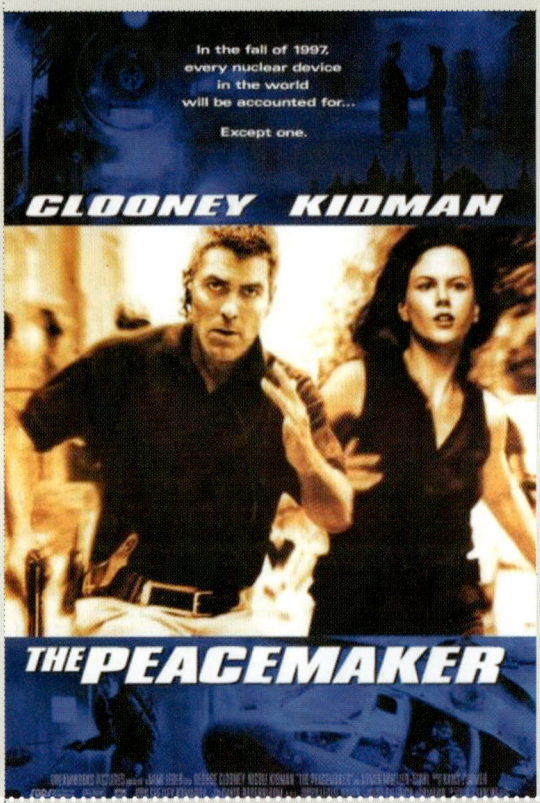

피스메이커

보스니아 내전은 왜 일어났을까?
— 유고 연방

방사선 검출기로 플루토늄을 찾아낸다고?
— 방사능과 방사선, 그리고 플루토늄

도대체 핵무기가 뭐야?
— 핵분열과 우라늄, 임계 질량

서울 한복판에 핵폭탄이 떨어진다면?
— 핵폭탄과 후폭풍, 낙진

관련 단원
고등학교 물리 2 '원자와 전자핵'

〈**피**스메이커〉는 1997년 '드림웍스'에서 창립 기념으로 만든 작품이래. 당시 초절정 매력남이었던 조지 클루니와 이 때까지만 해도 톰 크루즈의 부인으로 더 유명했던 니콜 키드먼이 등장하는 영화. 너희들, 봤니? 명절 때마다 TV에서 워낙 많이 방영해 줘서 웬만하면 봤을 듯한데……

'드림웍스'는 알지? 우리 나라 CJ엔터테인먼트가 지분 참여를 했다나 어쨌다나. 또 흥행의 귀재 스티븐 스필버그와 디즈니 애니메이션의 제프리 카젠버그, 음반의 황제 데이비드 게펜 등 엔터테인먼트계의 대부 세 명이 한자리에 모였다나 어쨌다나. 그래서 세계적인 화제를 모았던 영화 제작사잖아. 상식으로 알아두는 게 좋을걸.

줄거리가 어떻게 되냐고? 음, 미국 국방부의 정보국 요원인 조지 클루니와 백악관 소속 핵무기 단속반의 핵 물리학자 니콜 키드먼이, 보스니아 테러리스트들이 뉴욕에다 핵폭탄을 터뜨리지 못하도록 한다는 얘기란다.

테러 방법은 간단해. 다소 엽기적이긴 하지만…… 러시아에서 구한

거, 엉덩이 되게 뜨겁네.

보스니아가 어디게?

핵탄두를 사제 폭탄으로 개조한 뒤, 배낭에 넣어서 뉴욕의 UN 본부까지 지고 가서 자폭한다는 거야. 말하자면 자살 테러지, 뭐.

영화를 본격적으로 파헤쳐 보기 전에, 영화 속에서 테러리스트들에게 테러를 결심하게 하는 '보스니아 내전'에 대해 짚어 보도록 하자.

보스니아 내전은 왜 일어났을까?

보스니아 내전은 2개의 문자, 3개의 종교, 4개의 언어, 5가지의 민족, 6개의 공화국 등의 수치가 말해 주듯, 유고 연방의 복잡성이 원인이 되어서 발발한 거야. 뭐, 이런 나라가 다 있냐고? 그러고 보면 단일 민족인 우리 나라는 정말로 좋은 나라라니까! 만세, 만세, 우리 나라 만세!

　냉전 시대가 끝난 뒤 보스니아 이슬람(회교) 정부를 비롯해서 크로아티아 인들과, 신(新) 유고 연방의 지원을 받는 보스니아 내 세르비아 인들 사이에서 분쟁이 일어났어. 도대체 누가 누구하고 편을 먹었다는 거야? 도대체 모르겠지? 여간 복잡해야지 말이야. 자, 지금부터 찬찬히 설명할 테니까 잘 들어 봐.

　구(舊) 유고 연방이 해체될 즈음인 1992년 3월 3일, 보스니아는 국민 투표를 통해서 독립을 선포했어. 빠바밤!!! 여기서 독립을 주도한 세력은 이슬람 교도가 중심이 된 보스니아 이슬람 교 정부와 보스니아 내 크로아티아 인들이었지. 그런데 그 때 보스니아 인구의 약 30%를 차지하고 있던 세르비아 인들도 따로 떨어져 나가겠다고 한 거야. 그리고 다음날인 3월 4일에 진짜로 독립을 선언했지.

　그런데 그 옆에 있던 신 유고 연방의 밀로세비치 대통령(세르비아계 출신으로, 살벌한 '인종 청소'로 유명해.)이 보스니아 내의 세르비아 인들을 대놓고 지원하기 시작하면서 일이 꼬이기 시작했어.

　1992년 4월 6일 유럽 공동체가 보스니아의 독립을 승인하자, 보스니아는 본격적으로 치고받고 싸우기 시작했어. 그러다 러시아의 중재로 어째어째 쿵짝쿵짝하다가, 1995년 12월 평화 협정이 체결되었단다. 이로써 2년 9개월 간의 내전이 마침내 종지부를 찍게 된 거야.

　그런데 이 보스니아 내전이 얼마나 끔찍했는지 아니? 글쎄, 이 내전으로 무려 20만 명 이상의 사망자와 230만 명 이상의 난민이 발생했어.

　이 영화에 등장하는 보스니아계 테러리스트도 그 와중에 부인과 딸을 잃었단다. 그들은 그 책임이 미국에 있다고 생각했지. 그래서 테러를 저지르려 한 거야.

방사선 검출기로 플루토늄을 찾아낸다고?

빨간색 원 안쪽이 방사능 검출기

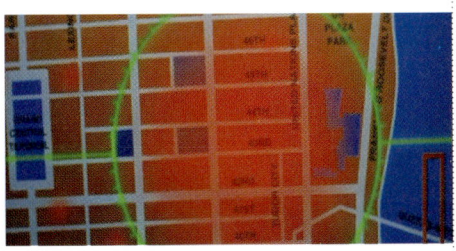
검출기로 확인한 핵폭탄의 위치

　영화 후반부를 보면, 미 연방 수사국 FBI가 헬리콥터에 방사선 검출기를 붙여서 플루토늄 핵폭탄의 위치를 찾으려고 애쓰는 장면이 나와. 그런데 이게 또 엄청 비과학적인 설정이란다. 그러면 말 나온 김에 '방사능'이란 넘과 '방사성 동위 원소'란 넘에 대해 알아보도록 하자.

　우선 방사능이란 넘부터 얘기해 볼까? 방사능이란 어떠한 물질을 구성하고 있는 원자가 외부의 자극 없이 저절로 분열하면서, 그 원소를 구성하고 있던 특정한 입자(방사선)들을 밖으로 방출해 내는 성질(능력)을 말해.

　이러한 일은 불안정한 핵을 가지고 있는 원소에서 흔히 일어나지. 불안정한 핵을 가진 원소들은 이러한 핵분열을 통해서 더욱더 안정적인 배열을 갖게 돼. 여기서 방사선이란 물질을 투과할 수 있는 힘을 가진 광선 비슷한 걸 뜻한단다. 이 때 불안정한 원자핵을 가진 원소를 '방사성 동위 원소'라 불러.

　좀 어렵지? 너희들을 위해 그럴듯한 비유 하나를 준비했지. 위에서 설명한 말들을 전구에 빗대어 보면, 빛을 내는 전구는 '방사성 동위 원소',

전구 : 방사성 원소

빛 : 방사선

빛을 내는 능력 : 방사능

이 그림 보고 이해해 보렴.

전구에서 나오는 빛은 '방사선', 빛을 내는 성질(능력)은 '방사능'이라 할 수 있어. 울랄라, 이젠 감이 잡히지?

지금부터는 이 영화와 아주 밀접한 관계가 있는 '방사선'란 넘에 대해 좀더 깊이 있게 파헤쳐 보도록 하자. 방사선은 그 종류가 좀 많긴 한데, 지면 관계상 알파선과 베타선 · 감마선 등 세 가지만 얘기할게. 왜냐고? 내 맘이지, 뭐.

첫 번째, 알파선은 (+) 전하를 띤 몹시 빠른 헬륨 원자핵의 흐름이야. 종이 한 장으로도 막을 수 있을 만큼 투과력이 약하지. 얼마큼 약하냐 하면, 공기 중에서도 몇 센티미터 정도밖에 투과할 수 없을 정도야. 이따가 써먹을 거니까 꼭 기억해 두렴!

두 번째, 베타선은 (-) 전하를 띤 몹시 빠른 전자의 흐름을 말해. 얇은 금속판 정도로 막을 수 있는데, 투과력은 알파선보다 세고 감마선보다는 약해. 약간 애매모호한 넘이라고 할 수 있지.

마지막으로, 감마선은 파장이 짧은 전자파를 의미해. 두꺼운 납이나 콘크리트로 막아야 통제가 가능할 만큼 투과력이 센 넘이지.

여기까지는 대충 이해됐지? 그럼 이번엔 이 영화와 두 번째로 밀접한 관련을 맺고 있는 '플루토늄'이란 넘에 대해 알아보자. 에, 이넘의 정체를 밝히자면 우선 방사성 동위 원소라는 사실을 알려 줘야겠지. 원소 기호가 94번이며, 보통 플루토늄 239(플루토늄 원자핵의 질량이 239라는 뜻)라고 부른단다. 원자력 발전소를 가동한 후 남은 부산물로부터 얻어

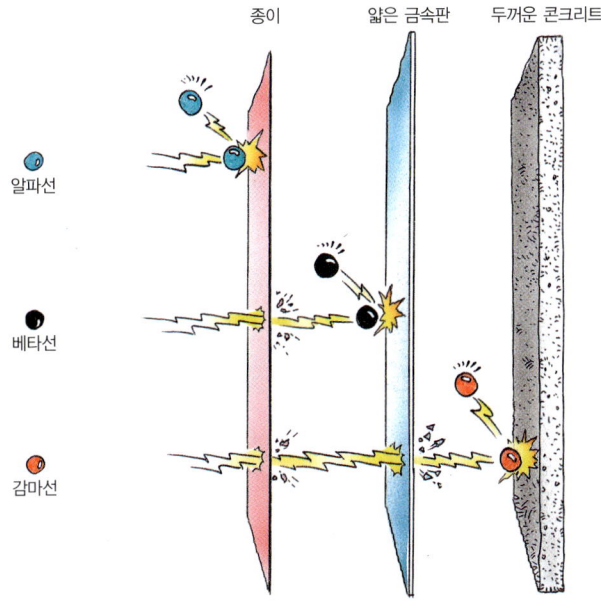

종이　　　　얇은 금속판　　두꺼운 콘크리트

알파선

베타선

감마선

방사선 패밀리들과 각각의 투과력

지는데, 인류의 마지막 무기라 할 수 있는 핵폭탄이나 수소 폭탄의 주 재료로 사용되고 있어.

그래, 여기까지! 어려운 이야기는 이쯤에서 접고, 다시 영화 이야기로 돌아가 보자. 아아, 영화 이야기를 다시 시작하려니 〈피스메이커〉의 시나리오를 쓴 작가한테 꿀밤 한 대 먹여 주고 싶은 열망이 솟구친다. 부르르!

영화 후반부에 등장하는 사제 핵폭탄에 장착된 플루토늄은 아까 말했다시피 방사성 동위 원소야. 당연히 거기에선 방사선이 흘러나올 수밖에. 그런데 플루토늄은 주로 알파선을 방출한단다. 베타선과 감마선의 방출량은 거의 '0'에 가까워서 그 에너지가 미약하기 그지없어. 그렇기 때문에 방사선 검출기를 이용해서 검출한다는 건 아주 어려운 일이지.

게다가 알파선은 아까도 말했듯이, 공기 중에서도 고작 몇 센티미터 밖에는 투과할 수가 없어. 방사선 검출기를 방사성 동위 원소에 착 붙여서 측정하지 않으면, 알파선을 검출한다는 것 자체가 불가능하다고 봐야 해.

그런데 이 영화에서는 땅바닥에서 이동 중인 플루토늄의 위치를, 하늘에 떠 있는 FBI 헬리콥터에서 방사선 검출기를 이용해 찾아내고 있잖니? 이건 정말 전국, 아니 전 세계에서 굳건히 일하고 있는 방사선 관련 업체 아저씨들을 농락하는 처사라고밖에 할 수 없어.

도대체 핵무기가 뭐야?

예나 지금이나 영화 속 테러리스트들이 가장 애용(?)하는 테러 도구는 뭐니 뭐니 해도 핵무기일 거야. 왜냐 하면 이거 하나만 손에 넣으면 눈에 뵈는 게 없어지거든. 일반적으로 핵무기라 하면 핵폭탄을 의미해.

수소 폭탄도 있긴 하지만, 그건 세계 안보와 21세기 동북아 평화를 위해 여기에선 빼고 넘어가자고. 뭔 소린지 모르겠다고? 그걸 왜 모르니? 수소 폭탄에 대해서는 쓰기 싫다는 얘기지, 큭! 자, 그럼 이제부터 핵폭탄에 관해 설명한다.

핵폭탄은 핵분열 현상을 이용해서 만든 작품이야. 핵분열이 뭐냐고? 음, 한 개의 원자핵이 질량이 비슷한 두 개의 조각으로 쪼개지는 현상을 말해. 그런데 원자핵이 큰 원자일 때는 아주 많은 에너지가 방출된단다. 우라늄같이 무거운 원자핵 말이야. 그러므로 핵폭탄을 만들려면 우라늄

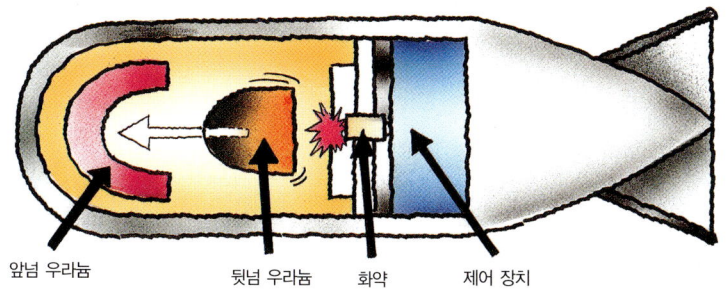

앞넘 우라늄　　　　　뒷넘 우라늄　　화약　　제어 장치

화약이 터지면서 뒤쪽의 우라늄이 앞으로 이동! 둘이 합체하는 순간 핵분열이 일어나.

과 같은 방사성 물질을 적당량 모아서 핵분열이 연거푸 일어날 수 있도록 해야 해.

원자력 발전소와 핵폭탄은 모두 우라늄의 핵분열 에너지를 이용한다는 점에서 같다고 할 수 있어. 굳이 두 넘의 차이를 밝혀 보자면, 원자력 발전은 핵분열 반응 속도를 적당히 조절해서 우리에게 필요한 에너지를 얻는 것이고, 핵폭탄은 핵분열을 한꺼번에 일어나게 해서 원하는 바를 얻는다는 것 정도야.

그럼에도 불구하고, 원자력 발전소의 원자로가 조금이라도 잘못되어 핵폭탄처럼 폭발하지는 않을까 하는 의문을 가진 넘들이 해마다 123%씩 증가하고 있다고 해. 너희들은 이 책을 읽었으니, 그런 오해일랑 싸그리 날려 버리도록 하렴.

우리가 자연에서 캐내는 천연 우라늄엔 핵분열을 일으키는 우라늄 235란 넘이 약 0.7%밖에 들어 있지 않아. 나머지 99.3%는 핵분열과 전혀 상관없는 우라늄 238이란 넘들이지.

그런데 핵폭탄은 한꺼번에 대량의 에너지를 발생시키는 것이 목적이잖아. 그렇기 때문에 핵분열을 일으키는 우라늄 235를 100% 가까이 농축한 뒤, 그 주위에 화약을 장전하여 폭발하기 쉽도록 만들지. 예를 들어, 성냥갑 안에 꽉 들어차 있는 성냥에다 불을 붙이면, 그 안에 있는 성냥들이 한꺼번에 타 버리는 것과 같은 원리야.

이와 달리, 원자력 발전은 에너지를 조금씩 조금씩 오랜 기간에 걸쳐서 얻는 것이 목적이잖아. 그래서 천연 우라늄을 그대로 사용하거나 우라늄 235를 2~5%로 저농축해서 사용한단다. 그렇게 되면 핵분열이 빨리 일어나고 싶어도, 우라늄 235의 머릿수가 부족하기 때문에 제 맘대로 일어날 수가 없어.

더구나 원자력 발전은 원자로 내에 제어봉이란 넘이 있어서, 핵분열의 정도를 일정하게 유지시켜 주지. 그렇기 때문에 절대로 폭발을 할 수가 없어. 성냥개비를 일정한 간격으로 늘어놓은 뒤 불을 붙이면 한 개비만 타는 것과 같은 원리야.

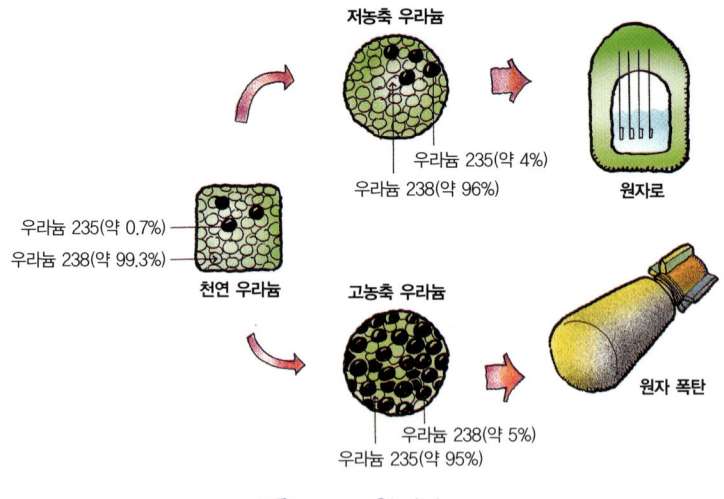

저농축 우라늄

우라늄 235(약 4%)
우라늄 238(약 96%)

원자로

우라늄 235(약 0.7%)
우라늄 238(약 99.3%)

천연 우라늄

고농축 우라늄

우라늄 238(약 5%)
우라늄 235(약 95%)

원자 폭탄

핵폭탄과 원자력 발전의 차이

서울 한복판에 핵폭탄이 터진다면?

만일 영화에서처럼 실제로 뉴욕 한복판에 핵폭탄이 터진다면 어떻게 될까? 좀 끔찍한 상상이긴 하지만, 어떤 일이 벌어질지 궁금하지 않니? 미리 예상을 해 봐야 지혜롭게 대처할 수 있는 방안도 찾을 수 있는 거잖니? 이참에, 아예 뉴욕이 아니라 서울 한복판으로 가정해 보는 건 어떨까? 왜 하필이면 서울이냐고? 그래야 핵폭탄에 대한 경각심을 생생하게 일깨울 수 있지.

서울에 떨어질 핵폭탄의 파괴력을 1Mt(메가톤. 핵융합에 따른 폭발력을 나타내는 단위. 1Mt은 TNT 100만 t의 폭발력에 해당해.)이라고 내 맘대로 정하겠어. 현재 미국이나 러시아에서 갖고 있는 전술 핵폭탄의 크기가 대개 이 정도거든.

어느 날 오후 1시, 상공 2,500m 지점에서 1Mt짜리 핵폭탄이 서울 시청에…… . 에구구! 뒷말을 이으려고 하니까, 아무리 가상이라지만 머리 끝이 쭈뼛쭈뼛 일어선다. 이런 일은 절대로 일어나선 안 된다고 봐. 휴우, 일단 마음을 진정시키고…… . 자, 다시 간다!

맨 처음엔, 서울 시청을 중심으로 대략 반경 3km 안에 있는 것들이 폭발과 동시에 증발해 버린단다. 말 그대로 증발! 지도를 찾아보니, 경복궁과 서울역·을지로·종로·동대문·신촌·용산구 등이 포함되겠군.

왜 이 안에 있는 물체들이 타지 않고 증발해 버리느냐 하면, 핵폭탄이 터질 때 태양의 표면 온도보다 약 1천 배 가량 높은 열과 빛이 약 1~2초 간 이 반경 안으로 방출되기 때문에 그래.

온도가 너무 높다 보니까, 물체가 타는 것이 아니라 아예 증발해 버리는 거지. 이 순간 목숨을 잃는 사람들은 핵폭발이 일어난 건지, 자신이

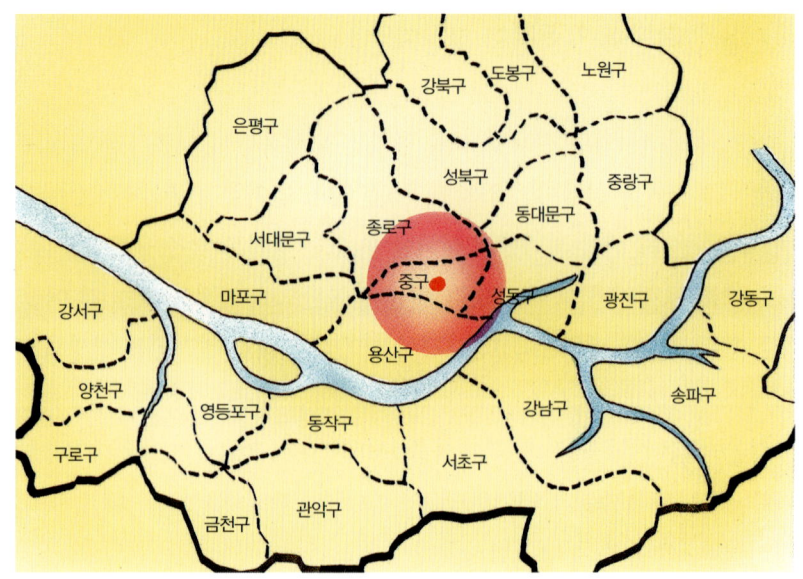

표시된 부분 안에 있는 모든 것이 순식간에 증발!

죽는 건지, 어쩌는 건지조차 느낄 수가 없단다.

그리고 반경 7~9km 안에 있는, 탈 수 있는 모든 물체들이 엄청난 열기로 불타기 시작해. 물론 주위의 사람들도 같이 타 들어가지. 여기에는 서울 시립 대학교를 비롯해서 성산 대교·동작 대교·국립 묘지·강남 고속 버스 터미널·서대문 시립 병원·서부 시외 버스 터미널 등이 포함되겠군.

이 지역 안에 있는 사람들은 엄청난 열 때문에 최소 3도 이상의 화상을 입게 돼. 그 중에서도 화상으로 인한 피부 노출 부위가 25% 이상 되는 사람들은, 안타깝게도 몇 초 뒤 이 세상과 영영 바이바이를 해야 한단다. 다행히 노출 부위가 25% 미만이라서 목숨이 가까스로 붙어 있는 사람들도, 약 1분 뒤 후폭풍이 닥쳐올 때까지 화상으로 말미암은 엄청난 고통에 괴로워하며 처절하게 발버둥쳐야 하지.

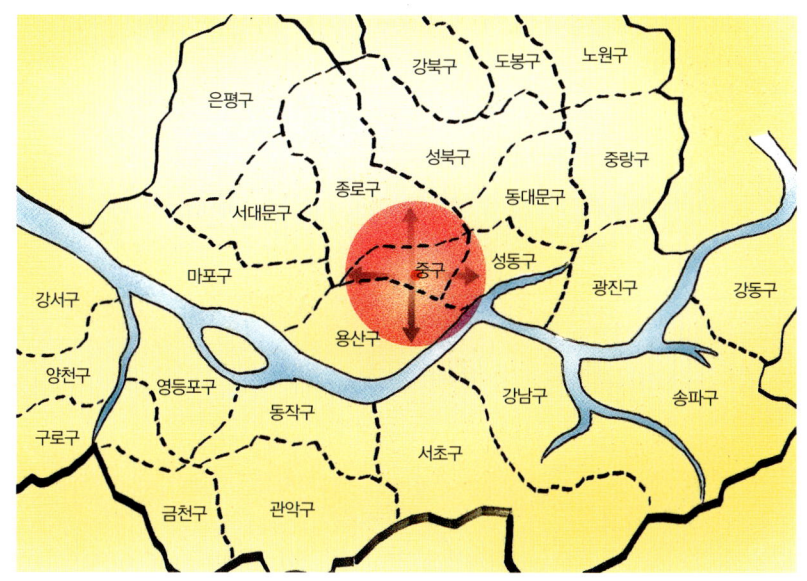

핵폭탄 투여 25초 뒤 시속 400km의 후폭풍이……

후폭풍? 후폭풍은 또 뭐냐고? 핵폭탄이 떨어지면, 그 중심부에서 반경 약 3km 내에 불덩이가 생기면서 엄청난 양의 산소를 태우게 돼. 그러고는 모자라는 산소를 주위에서 흡수하기 시작하지. 그러다 폭발 후 25초쯤 뒤에 시속 약 400km의 후폭풍이, 중심부에서 동대문과 연세 대학교·숙명 여대·용산 구청 쪽으로 뻗어 나가게 돼. 이 속도는 비행기 이륙 속도보다 훨씬 더 빠르단다. 얼마나 빠른지 가늠이 되니?

그리고 다시 1분 뒤, 시속 350km의 후폭풍이 중심부에서 약 7~9km 떨어져 있는 서울 시립 대학교와 동작 대교, 반포 등지까지 도착하게 되지. 이 때 후폭풍의 파괴력은 리히터 규모 7.0의 강진과 맞먹을 만큼 어마어마하단다. 이 지역에 있는 지상 건물의 90% 이상이 후폭풍의 충격으로 모조리 파괴되고, 건물의 파편들은 산산조각이 난 채 후폭풍에 실

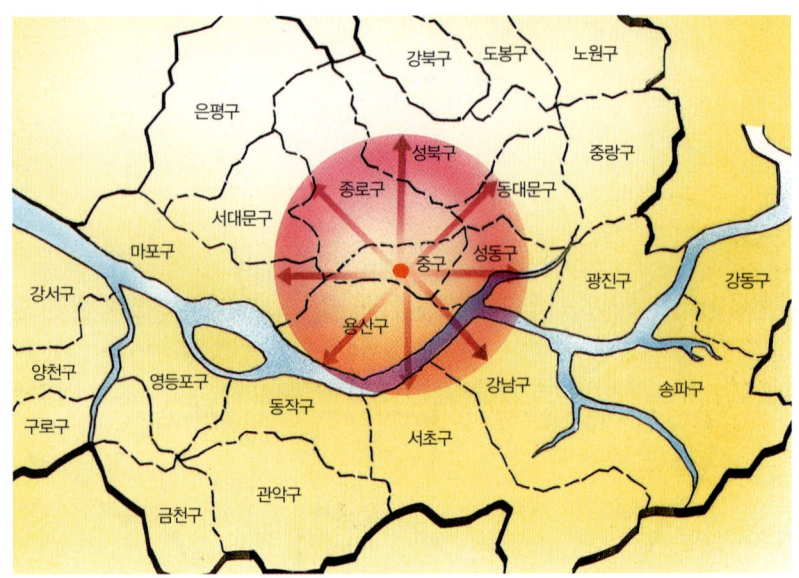

1차 후폭풍 1분 후, 시속 350km의 2차 후폭풍이 리히터 규모 7.0의 파괴력으로 번져 나간다.

려 부근에 있는 사람들의 몸을 총알처럼 관통할 거야. 이 파편들이 아니라 해도, 후폭풍에 직접 노출되면 사람의 몸도 두 동강이 날 수 있어. 또한 후폭풍은 엄청난 열을 포함하므로, 인근의 아스팔트 도로가 냄비에 라면 끓듯 부글부글 끓게 돼.

여기서 또다시 2~3분 정도 경과하면 후폭풍은 과천 시청과 정부 종합 청사·서울 랜드·김포 공항·도봉산·광명 시청·송파구·부천·태릉 선수촌·구리시·미금시·행주 산성까지 도달하게 돼. 이 지역 역시 처음 지역보다는 덜하지만, 후폭풍 때문에 건물이 붕괴되고 화재가 나는 등 초토화가 되지.

엄청난 열과 후폭풍만 있으면 다행이게? 이젠 낙진이란 넘이 기다리고 있어. 엄청난 후폭풍으로 사람은 물론 차량과 건물 파편들이 공중으

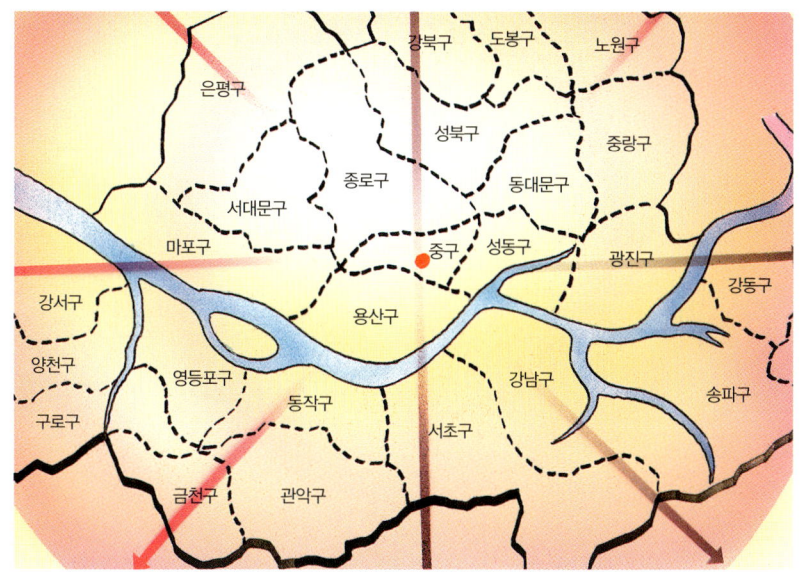

2차 후폭풍 후 다시 2~3분이 지나면, 서울의 거의 전 지역이 후폭풍의 영향권에 든다.

로 날아가는데, 지상에서 약 2~3km 정도의 높이까지 올라갔다가 중심지에서 멀리 떨어진 곳으로 날아가서 떨어진단다. 피해 예상 지역은 인천과 안산·수원·용인·동두천, 심지어 강화도까지. 이걸 선낙진이라고 하는데, 뿌연 재가 눈처럼 날리면서 떨어져. 선낙진은 엄청나게 강한 방사능을 띤 오염 물질이야. 선낙진에 노출된 사람은 짧게는 2주, 길게는 6개월 안에 사망하고 말아.

위의 얘기를 간단히 정리하면, 핵폭발 이후 1차 결과물인 열과 2차 결과물인 후폭풍에 의해 서울 시내 건물의 약 80~90%가 고스란히 파괴된다고 보면 돼. 서울 시민 1천만 명 중에서, 반경 3km 내에 있던 2백만 명 가량은 찍소리 한번 내보지 못한 채 즉사!

또 반경 7~9km 내에 있던 약 2백만 명은 고통 속에서 몸부림치다 사망하며, 선낙진에 노출된 약 3백만 명은 2주에서 6개월 안에 사망하게 될 거야. 설상가상으로 교통 마비와 수돗물·전기·의료 업무의 중단 등등 여러 가지 심각한 문제들이 일어나서 사망자는 더 늘어날 가능성이 높지.

서울 인근의 인천과 수원·동두천·의정부 등은 열과 후폭풍으로 인한 직접 피해는 서울보다 덜하지만, 선낙진 때문에 죽는 사람은 서울 못지 않을 거야. 이렇게 봤을 때, 약 60% 이상의 주변 도시 인구가 핵폭발의 직·간접적인 피해로 6개월 안에 사망한다는 결론을 내릴 수 있어.

핵폭발로 인한 방사능 피해는 또 어떻고? 방사능 때문에 사망하는 사람의 고통은 말로 다 표현할 수 없을 정도로 처참하단다. 핵전쟁 이후를 다룬 어떤 보고서는 이를 가리켜 "산 자가 죽은 자를 부러워하는 세상"이라고 표현했어. 핵전쟁! 절대로 일어나선 안 되겠지?

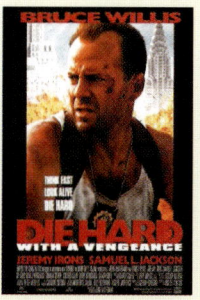

▶▶할리우드 테러 영화에 나타난 공통점

2001년 9월 11일, 영화보다 더 영화 같은 테러가 미국의 뉴욕에서 발생했던 건 다들 알고 있지? 그런데 놀라운 건, 그 엄청난 테러 장면이 우리에게 결코 낯설지 않다는 거야. 이슬람 테러리스트, 여객기 납치, 건물 폭파, 불타는 빌딩…… 등등은 아주 오래 전부터 할리우드 영화에서 너무도 익숙하게 봐 왔던 장면들이잖아.

그래서 어떤 넘들은 할리우드 테러 영화가 실제 테러리스트들의 훌륭한 교과서가 되고 있다는 우스갯소리를 늘어놓기도 하지. 진짜로 그런지 내 몸소 꼼꼼히 뜯어봤더니, 크게 세 가지 공통점이 있더군.

우선 첫 번째로, '여객기 납치'를 들 수 있어. 대표적인 영화로는 〈파이널 디시전〉과 〈에어포스 원〉을 들 수 있지. 테러리스트들이 여행기 납치를 좋아하는 이유로는 세 가지를 들 수 있어. 하나는 간단한 무기로 손쉽게 인질을 확보할 수 있다는 것, 또 하나는 여객기에서 납치당한 사실을 외부로 알리기 전까진 누구도 그 상황을 알 수 없다는 것. 마지막으로는 설령 납치 사실이 알려진다 하더라도, 여객기가 착륙하기 전까지는 테러리스트들을 막을 별 뾰족한 방법이 없다는 것이야.

두 번째 공통점은, 테러 장소가 대부분 '뉴욕'이란 점이야. 방금 살펴본 〈피스메이커〉도 그렇고, 브루스 윌리스가 등장하는 〈다이하드 3〉도 그렇지.

뉴욕은 미국 경제의 중심지이자 세계 무역의 통로라는 점에서 상징성을 갖는 도시야.

9·11 테러에 무너진 세계 무역 센터도 뉴욕에 있었잖아. 테러리스트들의 머리가 장식품이 아닌 다음에야, 최소한의 공격으로 최대한의 효과(?)를 거둘 수 있는 여건을 갖춘 뉴욕

죽기도 힘들어.

을 테러 목표로 삼는 건 당연하지 않겠어?

마지막 공통점은, 테러리스트들의 국적이 대부분 '이슬람 국가'라는 거야. 대표적인 영화로는 〈트루 라이즈〉가 있지. 1970~80년대의 냉전 시대에는 분쟁의 원인이 대부분 이념 갈등이었지만, 1990년대 중반 이후부터는 자원으로 바뀌었어. 그 중에서도 특히 석유…….

석유가 많이 매장되어 있는 곳은 중동이고, 서방 지역은 중동 지역의 석유를 집요하게 원하지. 물론 이슬람 사람들은 뺏기지 않으려 하고. 그러다 보니 자연스럽게 대립 구도가 생겨날 수밖에. 마침 주인공과 대립할 새로운 적이 필요했던 할리우드는 옳거니 하고 앞다투어 이슬람 테러리스트들을 영화 소재로 삼은 거지.

그러나 실제 9·11 테러가 일어났을 땐, 그토록 순식간에 테러범들을 깔아뭉개며 멋들어지게 상황을 종료시키던 영화 속 주인공 같은 넘은 한 명도 등장하지 않았어. 이런 게 바로 영화와 현실의 냉엄한 차이 아닐까?

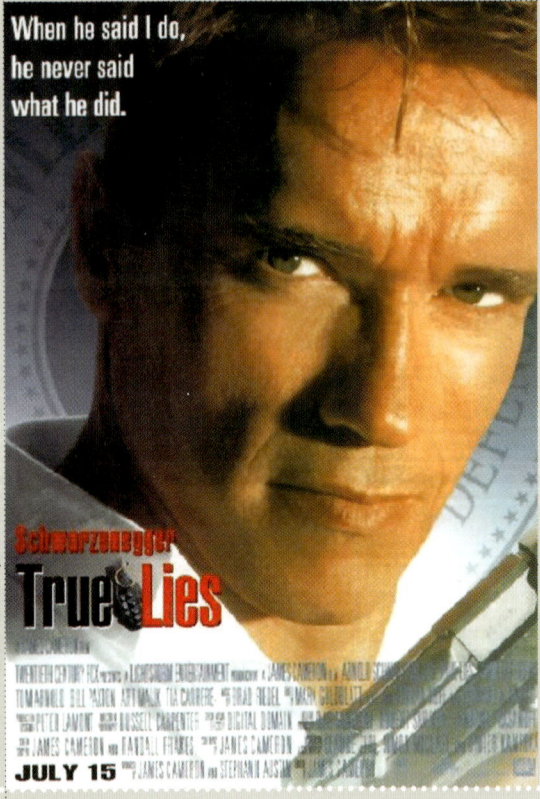

트루 라이즈

Lies True Lies True Lies True Lies Tr

핵폭발을 바라보고도 멀쩡할 수 있을까?
— 방사능과 방사선

사람이 미사일에 대롱대롱 매달린 채 날아간다고?
— 힘의 합력

관련 단원
중학교 과학 1 '힘'
고등학교 과학 '힘과 에너지' | 고등학교 물리 2 '원자와 전자핵'

19 94년 여름, 울트라 슈퍼 근육맨 아널드 슈워제네거와 〈터미네이터〉(1984) 이후 흥행의 귀재로 떠오를락 말락 한 제임스 카메론 감독이 만나, 자신들의 찰떡궁합을 세계 만방에다 한껏 뽐낸 할리우드 블록버스터야. 제작비만 무려 1억 2천만 달러가 들었다지.

〈트루 라이즈〉는 기획 단계에서부터 디지털 영화로 구상된 최초의 작품이라고 해. 그래서 초장부터 모션 컨트롤 시스템(Motion Control System)이라고 하는 특수 효과가 사용되었지.

덕분에 영화에 등장하는, 들입다 무거운 전투기 AV-8B 해리어의 움직임을 실제와 거의 유사하게 촬영할 수 있었단다. 물론 컴퓨터 그래픽으로 합성해서 말이지.

줄거리는 뭐, 아널드 영화가 항상 그렇듯이 악의 무리를 가볍게 소탕한다는 게 기본 맥락이야. 줄거리는 그다지 신선한 게 없지만, 액션 장면들만큼은 볼 만한 데가 꽤 있단다.

첫 번째로 꼽을 만한 것은, 마이애미에 있는 고속도로의 다리 폭파 장면이야. 이 장면을 위해 플로리다에 있는 진짜 다리를 몽땅 분해해서

멋지지 않니? 컴퓨터 그래픽으로 처리한 AV-8B 해리어의 생생한 모습

마이애미로 옮겼다지? 그러곤 원래대로 다시 조립한 뒤, 다리 표면에 화약 물질을 발라 놓고 점화시켰대. 오, 조심해! 폭발한단 말야!

두 번째로 꼽을 만한 것은 마이애미의 고층 빌딩, 그것도 20층에 있는 테러리스트들을 AV-8B 해리어의 기관포로 싹쓸이해 버리는 장면이지. 물론 이 장면은 컴퓨터 그래픽으로 처리됐는데, 미니어처 해리어에 케이블을 연결한 뒤, 케이블의 움직임에 따라 유리창이 순차적으로 깨지게끔 정밀하게 합성한 거야.

유리창이 깨지는 모습이나 기관포의 불꽃, 또 불꽃이 창에 비치는 장면 등은 실제 상황이라 해도 전혀 손색이 없을 만큼 완벽하게 재현해 내었어.

영화를 보는 우리들의 눈이야 한량없이 즐겁지만, 컴퓨터 그래픽 하는 넘들은 이 장면 하나하나를 위해 얼마나 많은 밤을 지새며 진땀을 뺐을까? 누군지 모르겠지만, 그 사람들을 위해서 박수 한번 쳐 주자. 짝짝짝!

마지막으로 꼽을 만한 것은, 가슴 근육밖에 자랑할 게 없다고 생각했던 아널드 슈워제네거가 관객들의 예상을 무참히 깨고 〈간발의 차이(Por Una Cabeza)〉라는 음악에 맞춰 탱고를 추는 장면이야. 그것도 적진에서 아름다운 적의 스파이랑 함께……. 오, 감동의 물결이 가슴 그득히 밀려오는구나. 춤 좋아하는 넘들은 꼭 한번 보길 바란다.

서론이 길었지? 과연 이 영화에는 어떤 과학이 숨어 있는지, 초등학교 시절 짝궁의 도시락 뚜껑을 살짝이 열고 반찬을 훔쳐 먹던 심정으로 아주 살포시 열어 보도록 하자.

핵폭발을 바라보고도 멀쩡할 수 있을까?

영화 후반부에 이르면, 테러리스트들이 훔쳐 간 핵폭탄이 여차여차해서 우리의 주인공 아널드와 그의 마누라, 또 이름 모를 다수의 엑스트라들 앞에서 '뻐엉!' 하고 터지는 장면이 있어. 바로 요 그림이지.

핵폭탄이 터지든가 말든가…… 우린 입술 크기를 재 보는 게 더 중요해!

핵폭탄이 터지면, 우리 몸에 무지무지 해로운 방사선이 뿜어져 나온다는 사실은 다들 알고 있지? 그렇다면 핵폭발을 먼발치에서 바라본 주인공과 그 떨거지들은 방사선 앞에서 멀쩡할 수 있을까? 음, 다 같이 한번 확인해 보자고.

우선 사람의 몸에 영향을 미치는 방사선의 종류부터 알아보자. 우리 몸에 영향을 미치는 방사선은 크게 두 종류로 나눌 수 있어. 즉, 자연 방사선과 인공 방사선이야.

첫 번째, 자연 방사선은 우리들의 주변 어디에나 존재해. 하지만 대부분의 사람들은 자신들이 자연 방사선에 노출돼 있다는 사실을 깨닫지 못하면서 살아가지.(너희들도 지금 자연 방사선에 노출되어 있단다. 흐흐흐.)

자연 방사선은 우리들의 몸이나 흙, 시멘트 등 우리 주변에 널려 있는 물질들에서 마구마구 뿜어져 나오거든. 괜스레 몸이 흠칫해지지 않니? 섬뜩하잖아.

두 번째, 인공 방사선은 각종 전자 기기나 의료 기기 등에서 흘러나오는 넘들을 일컬어. 우리가 잘 알고 있는 X선이 가장 대표적이지. 영화 속의 장면처럼 핵폭발이 일어날 때도 인공 방사선이 방출된단다.

하지만 자연 방사선이든 인공 방사선이든, 갖고 있는 성질이나 사람에게 미치는 영향 등은 모두 오십 보 백 보란다. 단지 방출되는 방사선의 양이 문제일 따름이지.

사람은 말야. 290mSv(밀리시버트) 이상 방사선에 노출되면, 신체적으

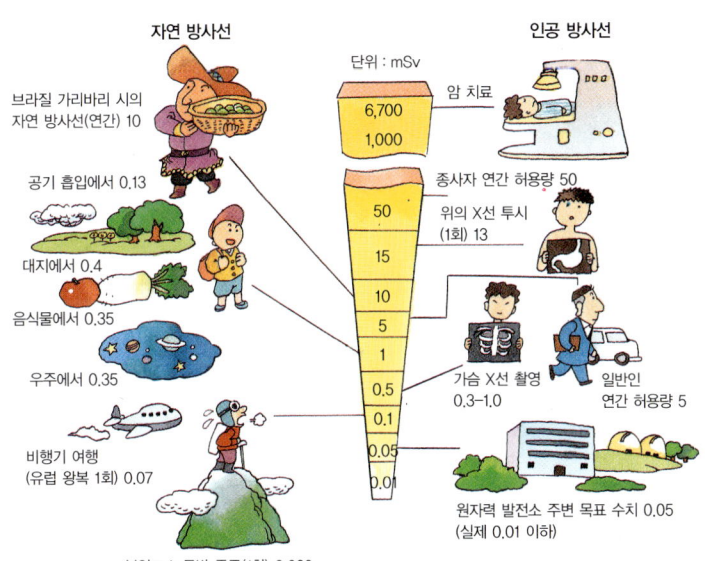

자연 방사선

브라질 가리바리 시의
자연 방사선(연간) 10

공기 흡입에서 0.13

대지에서 0.4

음식물에서 0.35

우주에서 0.35

비행기 여행
(유럽 왕복 1회) 0.07

북알프스 등반 종주(1회) 0.026

단위 : mSv

6,700
1,000
50
15
10
5
1
0.5
0.1
0.05
0.01

인공 방사선

암 치료

종사자 연간 허용량 50

위의 X선 투시
(1회) 13

가슴 X선 촬영
0.3~1.0

일반인
연간 허용량 5

원자력 발전소 주변 목표 수치 0.05
(실제 0.01 이하)

로 심각한 문제가 발생해. 심하면 세상과 굿바이해야 하는 안타까운 경우가 생기기도 하고……

아, 먼저 방사선의 단위부터 정리해 보도록 하자. 방사선의 단위는 흔히 rem(렘)과 Sv(시버트)를 써. 1rem은 1g의 라듐으로부터 1m 떨어진 거리에서 1시간 동안 받는 방사선의 양인데, 여기서 1Sv는 1rem의 딱 1백 배인 100rem을 의미하지. 인간이 받는 방사선의 세기를 말할 때는 보통 Sv란 단위를 사용해.

머리 아픈 얘기는 여기까지! 다시 영화로 돌아가 보자. 음, 사람에게 미치는 방사선의 악영향은 꽤 여러 가지 양상으로 나타난다고 할 수 있어. 아래의 표를 한번 봐. 방사선에 노출된 정도에 따라 신체에 일어나는 심각한 문제들을 알기 쉽게 정리한 것이거든.

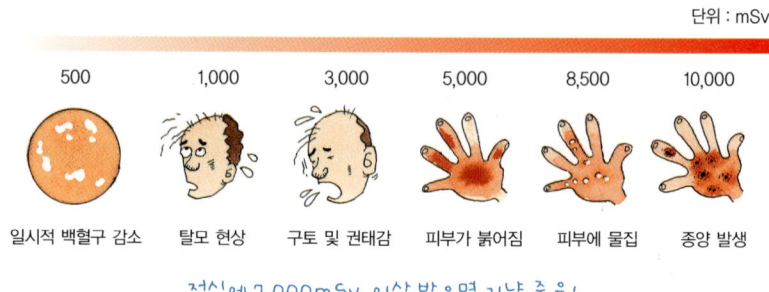

단위 : mSv

500	1,000	3,000	5,000	8,500	10,000
일시적 백혈구 감소	탈모 현상	구토 및 권태감	피부가 붉어짐	피부에 물집	종양 발생

전신에 7,000mSv 이상 받으면 기냥 죽음!

이 표에 유념하면서 다시 한 번 영화 속의 장면을 머릿속에 떠올려 봐. 영화 장면에서 핵탄두가 터졌을 때, 아널드와 그의 부인 및 엑스트라들의 얼굴이 발그스름하게 물든 것으로 보아, 영화 설정상 핵탄두의 위력이 10kt 정도는 되었을 거야. 핵폭발이 일어난 곳과의 거리를 추정해 보면 대략 20~30km쯤 될 테고……

뭐, 핵탄두의 위력이 10kt란 게 무슨 뜻이냐고? 음, 핵탄두 10kt의 위력이 얼마만큼이냐면 말야. TNT라고 하는 고성능 폭약을 기준으로 했을 때 10,000t, 그러니까 10,000,000kg의 TNT 폭약이 한꺼번에 터질 때에 생기는 위력을 말해. 그래도 감이 잘 안 잡힌다고? 예를 들어줄 테니 이번에는 감을 제대로 잡아 봐, 응?

인류가 최초로 사용한, 말하자면 제2차 세계 대전 때 미국이 히로시마에 떨어뜨린 원자 폭탄의 위력은 15kt이라고 해. 이 원자 폭탄 때문에 히로시마 시의 중심부로부터 약 12km에 해당하는 지역이 폭풍과 화재에 휘말려 괴멸되었어.

사망자 78,000명, 부상자 84,000명, 행방 불명자가 수천 명에 이르렀지. 파괴된 가옥수만 해도 6만 호에 이른단다. 어때? 이젠 감이 마구마구 잡히지 않니? 단감, 곶감, 홍시감……

이 영화에서 보여 주는 핵탄두의 위력과 거리로 미루어 볼 때, 이 정도의 방사선을 쐬고 나면 그 근처에 있던 사람들의 대부분은 최소 1,000~3,000mSv 가량의 방사선에 노출되었다고 할 수 있지.

자, 그러면 아까 본 표를 참조해서 영화가 끝날 즈음에 주인공과 그 떨거지들이 입을 피해를 예측해 보도록 하자.

음, 가장 눈에 띄는 변화는 새까만 머리카락들이 솔잎처럼 후루룩 빠지고 너나 할 것 없이 반짝반짝 윤이 나는 대머리로 변신하게 된다는 거지.

남자라면 옆집 고모와 이름이 똑같은 '정자'의 수가 급격히 감소하며, 암이나 빈혈·백내장 등등에 걸릴 위험도가 열나게 증가할걸. 어디 그뿐이야? 화장실 벽면을 부여잡은 채, 그날 아침에 먹은 음식물들의 종류를 자신의 의지와 상관없이 마구마구 확인하게 될 테지.

그런데도 이 영화에선 누구 하나 그런 신체적 고통을 호소하는 사람 없이 순탄하게 마무리를 짓잖아. 컴퓨터 그래픽에만 신경 쓰느라, 이러한 과학적인 내용들은 소홀히 한 모양이야.

"제임스 카메론 감독님, 반성 좀 하셔요."

참고로 하나 더 얘기하면, 핵폭발 실험 초창기 때는 많은 사람들이 방사선에 과다 노출되는 바람에 뜻하지 않게 목숨을 잃는 경우가 아주 많았다고 해. 안타깝지만 어쩌겠니? 몰랐던 게 죄인걸.

사람이 미사일에 대롱대롱 매달린 채 날아간다고?

갈 때까지 간 이 영화의 마지막 대목에서 아널드 슈워제네거는 친절하게도 악당을 미사일에 태워서 그 동료의 헬리콥터로 보내 주지. 참으로

엑스트라도 과학적으로 죽어 주세요!

자상한 사람이지 뭐야.

그런데 아무리 악역이라고 해도, 이렇게 허접스런 물리적 오류를 떠안긴 채 죽이는 건 좀 그렇지 않니? 악당의 처지에서 생각해 봐. 가뜩이나 엑스트라 신세인 것도 서러운데, 죽는 것까지 비과학적이라면 얼마나 더 억울하겠어?

이 미사일 탑승 장면은 나란하지 않은 두 힘의 합력을 전혀 고려하지 않은 채 영화를 만들다 보니 생겨난 문제야. 무슨 문제냐고? 음, 눈치 빠른 넘들은 벌써 '파악!' 하고 이마에 와서 꽂히는 게 있을 거야. 맞았어. 힘이야, 힘! 미국 넘들 말로 하면 '포올~스(Force)'지. 어때, 발음 죽이지 않니?

그런데 '힘', 힘이 뭐지? 이런, 대답하는 넘이 아무도 없네. 그래, 언젠 내가 대답을 기대하고 물었더냐? 힘이란, 어떠한 물체에 작용하여 모양을 변형시키거나 운동 상태를 변화시키는 원인이 되는 것을 말해.

우리 생활에 크게 영향을 미치는 힘의 종류는 탄성력·마찰력·자기력·전기력·중력 등 크게 다섯 가지로 나눌 수 있어. 잘 기억해 두서. 이거 무지 중요한 거거든.

그렇다면 힘의 크기는 무엇으로 측정할까? 그래, 그래. 이렇게 똑똑한 넘들이 가끔 있다니까. 용수철 저울로 측정하지. 에, 그리고 힘의 단위에도 여러 가지가 있는데, 그 중에서 N(뉴턴)을 제일 많이 쓴단다.

1N은 1kg의 물체에 작용하는 중력의 크기를 말해. 지구에서 질량 1kg을 드는 데 필요한 힘은 9.8N 정도란다. 뉴턴 할아버지 말씀에 따르면, 힘이란 넘은 질량에 가속도를 곱하면 나오게 돼.

지구의 모든 물체에 작용하는 가속도를 '중력 가속도'라 부르는데, 이 넘의 크기가 $9.8m/s^2$이거든. 그래서 질량 1kg에 작용하는 힘은, 1에다 가속도 9.8m/s²을 곱해서 9.8N이 되는 거야. 아, 쉽다. 그지?

그러면 이제 슬슬 이 장면과 관련 있는 힘의 합성에 대해 알아볼거나? 우선 하나의 물체에 여러 가지 힘이 동시에 작용하여 그 물체에 영향을 줄 때, 같은 효과를 갖는 하나의 힘을 구하는 것을 힘의 합성이라고 해. 합력은 여러 힘을 합한 효과를 나타내는 말이고……

물체에 두 힘이 작용하는 예로는, 크게 세 가지를 들 수 있어.

첫째는 같은 방향의 경우, 둘째는 반대 방향의 경우, 그리고 마지막은 방향이 나란하지 않은 경우야.

두 힘의 방향이 같은 경우

위의 그림은 두 힘의 방향이 같은 경우란다. 두 힘의 방향이 같으니까 당연히 물체에 작용하는 힘은 두 힘의 합이 되지. 물론 힘의 방향 또한 일치할 수밖에 없고……

두 힘의 방향이 다른 경우

왼쪽 그림은 두 힘의 방향이 반대인 경우야. 물체에 작용하는 힘의 크기는 큰 쪽에서 작은 쪽을 빼면 되겠지? 방향은? 두말하면 잔소리지. 당연히 힘이 큰 쪽으로 가지 않겠어?

오른쪽 그림은, 두 힘의 방향이 나란하지 않은 경우야. 그런데 이 경우는 합력의 방향이나 크기를 구하는 방법이 위의 것들과는 좀 다르단다.

여기서 합력의 방향은 두 힘을 이웃 변으로 하는 평행 사변형을 그렸을 때의 대각선 방향이거든.

합력의 크기와 방향

두 힘의 방향이 나란하지 않은 경우

합력의 크기가 대각선 길이에 해당하기 때문이지.

마지막에 설명한, 즉 두 힘이 나란하지 않는 경우가 바로 이 영화에서 테러리스트가 맞게 되는 비과학적인 죽음의 이유를 밝혀 낼 열쇠가 되는 거란다. 다시 말하면, 합력의 방향이 문제라는 거지. 헉헉헉, 이제 다 왔다!

문제의 장면에 구렁이 담 넘어가듯 은근슬쩍 나오는 미사일은 사이드 와인더라는 넘이야. 이 사이드 와인더 미사일을 발사할 때의 추진력은 약 1,300N 정도란다. 건장한(사실 확인할 길은 없지만) 성인 남성인 테러리스트의 몸무게를 80kg이라고 가정한다면, 중력에 의한 질량은 784N이 되겠지?

그런데 왜 중력에 의한 몸무게가 80kg에서 784N으로 바뀌었는지 모르겠다고? 에이, 알면서! 질량에다가 지구가 끌어당기는 가속도, 즉 중력 가속도 $9.8m/s^2$을 곱하면 몸무게가 나오잖아. 해 봐! 80×9.8 하면 784N이 나오지. 힘의 단위로 말야.

미사일에 걸리는 힘은 두 힘의 방향이 나란하지 않은 경우에 해당해. 그러므로 평행 사변형 법칙에 따라 합력의 방향을 계산해 보면, 뒤쪽에

실제론 검은색 화살표 방향으로 날아가야 되는데…….

나오는 사진에서 검은색 화살표로 표시한 쪽을 향하게 된단다.

어라? 그렇담 사이드 와인드 미사일은 영화에서처럼 정면으로 곧장 날아가지 못한다는 얘기 아냐? 결국 미사일의 추진력과 테러리스트의 몸무게로 이루어진 두 힘의 합력에 의해서 대각선 방향으로 은근슬쩍 가라앉아야 옳은 거지. 어허, 어떡하지?

오호, 그래서 이 영화의 제목이 'True Lies' 였구나. (내 맘대로 번역해 보면 '진짜 거짓말' 이라는 뜻이잖아.) 설마 영화 속에 담긴 내용이 모조리 다 거짓말이라는 뜻으로 이런 제목을 붙인 건 아니겠지?

▶▶ AV-8B 해리어는 어떻게 수직 이착륙이 가능할까?

아널드가 탄 AV-8B 해리어

영화 후반부에 등장하는 수직 이착륙 전투기인 AV-8B 해리어는 미국 맥도널 더글러스 사와 영국 BAe사가 12년 간 이마를 맞대고 피나는 연구를 한 끝에 개발한 전투기야. 물론 진짜로 피가 나는지는 확인해 보지 않았지만 말야.

이 영화엔 3대의 실제 해리어와 5분의 1 크기의 미니어처가 사용되었단다. 이념의 대여비는 연료비로만 세산했나는군. 그것만 해도 1시간당 소나타 승용차를 한 대씩 사는 것과 마찬가지로 생각하면 거의 맞아떨어질 정도라지? 돈도 많아, 미국 넘들은……

이 해리어란 넘은 일반 전투기와는 수준이 좀 다르단다. 수직 이착륙뿐만 아니라, 헬리콥터처럼 공중 정지도 가능하다니까 말야. 게다가 적의 전투기와 가까운 거리에서 전투를 벌일 때, 적군의 전투기에 추격당하다가도 갑자기 진로를 바꾸어 되레 적의 비행기를 추적하여 격추시킬 수도 있다는군.

여기다 한술 더 떠, 현존하는 서방 전투기 가운데서 이런 식으로 움직일 수 있는 넘은 오로지 이것뿐이라지? 근데 왜 해리어만 이렇게 특별한 동작들을 할 수 있는 걸까? 궁금

하니? 그건 말이지, 해리어에 장착된 특수한 엔진 때문에 그렇대. 롤스로이스 사의 페가수스 엔진 말이야.

보통의 전투기 엔진은 전투기의 진행 방향과 반대 방향으로만 추진력을 발생시켜야 하거든. 그런데 해리어에 쓰이는 영국 롤스로이스 사의 페가수스 엔진은 추진력의 방향을 자유자재로 변경할 수가 있단다.

페가수스 엔진은 이륙시 노즐 위치를 지상 쪽으로 변경하며 수직 이륙시키고, 착륙시에는 노즐 위치를 지상 쪽으로 움직여 수직 착륙을 시킨단다. 또 이륙 후에는 노즐 분사 방향을 수평으로 변경하여 수평 비행을 할 수도 있어.

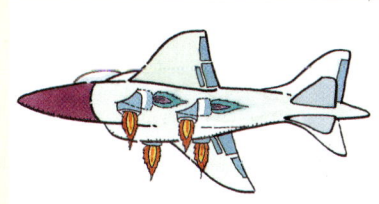

파랑 : 수평 비행시 엔진 주력 방향
빨강 : 이착륙 및 공중 정지시 엔진 주력 방향

해리어는 이렇게 추진력 방향을 변화시킬 수 있는 엔진 덕분에 다른 전투기와는 뚜렷이 차별되는 기능들을 갖출 수 있었던 거야. 참고로 얘기하면, 미국의 최신예 F-22나 러시아 Su-37도 부분적이지만 이념처럼 추진력 방향을 바꾸는 시스템을 갖고 있단다. 그래서 다른 전투기들과 달리 정교한 비행을 할 수 있대. 끝!

트리플 엑스

Triple X Triple X Triple X Triple X Tri

진짜로 꿰뚫어 볼 수 있다면?
— 적외선과 가시광선

눈, 눈, 눈, 눈이 왔어요!
— 마찰력

관련 단원
중학교 과학 1 '힘' | 중학교 과학 1 '빛'

지금까지 스파이 영화 하면 으레 〈007〉 시리즈를 떠올리는 경우가 많았잖니? 이러한 고정관념을 깨 버리고, 신세대 감각에 맞춰서 나온 스파이 영화가 바로 〈트리플 엑스〉란다.

이 영화의 주인공인 젠더 케이지는 인터넷 네티즌들 사이에서 영웅으로 통하는 인물이야. 페라리 오픈카를 탄 채 200m 높이의 다리 위에서 번지 점프를 하면서 인터넷 생중계를 하기도 하고, 눈사태가 나는 산에서는 스노보드를 타고 '익스트림 스포츠'를 즐기며 탈출하기도 하는 그야말로 신세대 스파이란다.

영화 줄거리야 뭐 딱히 있겠어? 그렇고 그런 내용들이지. 하지만 볼거리는 참 많단다. 영화 초반부의 자동차 번지 점프 장면에서는 24대의 카메라에다 3대의 스턴트 카메라까지 동원되어 지상과 공중에서 화려한 액션을 마음껏 선보이거든.

또 스노보드를 타고 약 3km 상공에서 회전과 점프를 반복하며 내려오는 낙하 장면도 꽤 인상적이야. 특히 눈사태 속에서 스노보드를 타고

구닥다리 007은 가라. 내가 신세대 스파이지롱~

멋들어지게 내려오는 장면은 스릴 만점의 최고 압권이지.

　물론 이 장면이 눈부신 컴퓨터 그래픽 기술로 완성됐다는 사실은 다들
알고 있지?

진짜로 꿰뚫어 볼 수 있다면?

　오징어 하면 땅콩이 생각나듯, 스파이 영화 하면 단골 소재로 등장하
는 것이 바로 비밀 무기지. 이 영화에도 몇 가지 비밀 무기가 등장한단
다. 소형 폭탄이나 이상야릇하게 생긴 스포츠카 같은 것들 말이야.

　하지만 뭐니 뭐니 해도 이 영화에서 관객, 특히 남자 관객들의 눈길을
사로잡는 비밀 무기는 뭐든지 투시할 수 있는 망원경 '이글 아이'일 거야.

　이넘은 인체를 투시할 수도 있고 옷 속도 투시할 수 있단다. 어이, 거
기 남학생! 침 좀 닦지 그래? 야살스런 생각일랑 집어치우고……. 에,
그러면 이참에 '이글 아이' 같은 투시 카메라가 현실적으로 가능한 무기

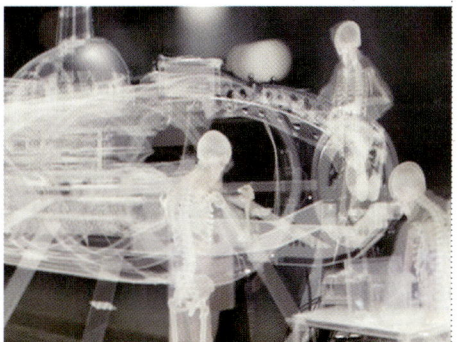

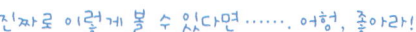
진짜로 이렇게 볼 수 있다면……. 어형, 좋아라!

인지 한번 살펴보도록 할까?

　실제로 1998년 아주 신기한 비디오 카메라가 일본에서 나왔단다. 나오자마자 사회적으로 물의를 일으켜서 곧바로 회수돼 버리긴 했지만. 너희들도 기억할는지 모르겠는데, 소니의 비디오 카메라 '나이트샷(Nightshot)' 말이야. 흔히들 투시 카메라라고 부르지.

　왜 회수가 됐냐고? 이넘은 얇은 정장이나 속옷, 특히 수영복 같은 걸 투시하는 기능이 강해서 사생활 침해 문제가 심각하게 대두됐거든. 대체 어떻게 만들었길래 카메라가 옷 속까지 투시할 수 있다는 건지 궁금하지 않니?

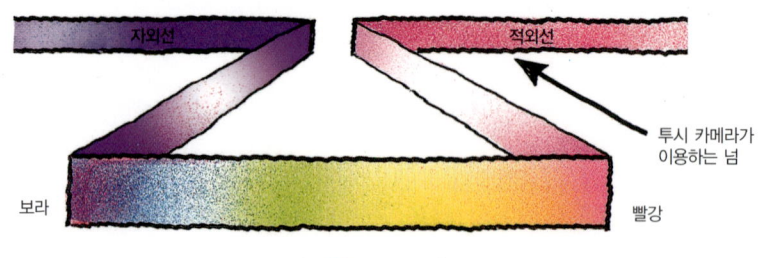

빛의 스펙트럼…… 기억나니?

　열을 가진 모든 물체는 적외선이란 넘을 방출한단다. 오잉, 적외선을 모르겠다고? 그렇지만 태양 광선이 프리즘을 통과하면 빨·주·노·초·파·남·보로 분리되는 건 알지? 이것들이 바로 우리들의 눈으로 직접 볼 수 있는 가시광선이잖아.

　빨간색 바깥쪽에 있는 넘이 적외선, 보라색 바깥쪽에 있는 넘이 자외선이야. 적외선과 자외선은 우리 눈에 보이지 않는다는 거, 다 알고 있지?

　투시 카메라는 적외선을 이용해서 만든단다. 어떠한 물체에서 나오는 가시광선을 차단하고 적외선만 걸러내서 우리가 볼 수 있는 영상 신호로 변환하는 것이거든. 별것 아니지?

기계적인 관점에서 다시 이야기해 보면, 카메라 내부에 있는 적외선 차단 필터를 없애고, 카메라 렌즈 앞에 가시광선 차단 필터를 끼운 것에 불과해. 수영복 투시를 예로 들어 설명해 줄게. 그렇다고 너무 좋아들 하지 마라. 침 흘린다.

투시 카메라로 수영복 입은 사람을 보면, 옷의 색을 나타내는 가시광선은 차단 필터 때문에 비디오 카메라 렌즈 앞에서 차단된단다. 대신 옷을 통과한 뒤, 옷 밑의 피부에서 반사된 적외선이 영상으로 나타나는 거지.

그러나 투시 카메라에도 한계는 있어. 우선 카메라에 찍히는 영상이 영화처럼 천연색 컬러 영상이 아니라는 사실이야. 명암만 구별되는 흑백 영상이거든. 또 옷이 몸에 착 달라붙지 않을 때에는 투시가 힘들어. 수영복 이상의 두꺼운 옷은 투시하기가 힘들다고 알려져 있어.

하지만 수영복은 진짜 잘 보인데. 왜냐고? 몸에 착 달라붙잖아. 그래서 이를 막아 줄 투시 방지 수영복까지 등장했잖니? 수영복 섬유를 특수 처리해서 몸에서 나가는 적외선을 차단한 거지. 그렇게 하면 투시 카메라도 무용지물이거든.

그런데 지금 적외선 차단 수영복까지 투시하는 비디오 카메라를 개발하고 있다는 소문이 은밀히 퍼지고 있단다. 결국 창과 방패의 싸움인 셈이지. 너희들은 누가 이겼으면 좋겠니?

아, 우스운 얘기 하나 해 줄까? 요 투시 카메라 때문에 소동이 벌어진 게 요즘 일만은 아니라는 거야. 과거에도 있었어. 뭐냐면 바로 X선 소동이지.

지금이야 X선이 인체 내부 구조뿐 아니라 분자의 결정 구조까지 탐색

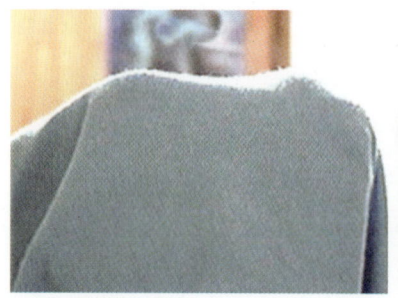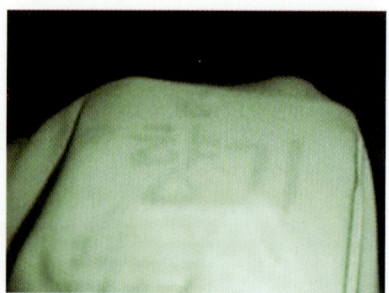

왼쪽은 일반 카메라, 오른쪽은 투시 카메라

하는 중대한 도구로 자리 잡았지만, 20세기 초에 처음 발견됐을 때만 해도 그렇지 않았지. 그 기능이 일반인들에게 정확하게 알려지지 않고, 막연히 인체의 내부를 비추는 도구 정도로 인식되고 있었어. 지금처럼 보편화되었던 시절이 아니니까.

그런데 갑자기 영국 전역에 X선 안경이 판매될 거라는 소문이 퍼지기 시작한 거야. 이 안경을 끼면 옷을 투시해서 사람의 알몸을 볼 수 있다는 말과 함께……

생각해 봐. 당시는 은밀한 부위에 점이 있다는 소문만 나도 여성의 순결을 의심하던 시기였잖아. 영국 여성들이 얼마나 겁을 먹었을지 짐작할 수 있겠지?

마침 그 때, 이러한 공포(?) 분위기를 교묘하게 이용한 사람이 있었어. 때맞춰 X선 방지 속옷이라는 걸 발명해 놓고 광고를 한 거야. 여자들은 앞다퉈 X선 방지 속옷을 사려고 몰려들었고, 이 말도 안 되는 속옷을 판 사람은 엄청나게 많은 돈을 긁어 모았지.

그런데 말야. 알고 보니 이 모든 게 상술이었어. 애초에 X선 안경에 대한 소문을 퍼트린 사람이 바로 X선 방지 속옷을 판 사람이었거든. 결국 있지도 않은 사실을 갖고 사람들을 우롱한 셈이지. 아이디어의 승리라고 해야 하나? 그래도 약간 괘씸하지 않니? 그 말에 속아 벌벌 떨었을 영국의 어여쁘디어여쁜 여성들을 생각하니……. 나쁜 자슥, 그냥 확! 어디서 사람을 놀려?

눈, 눈, 눈, 눈이 왔어요!

자, 이제 감정 좀 추스르고 이 영화의 하이라이트에 대해 생각해 보자. 나는 후반부 즈음에서, 주인공이 자기가 만든 (영화를 보시라. 그러면 무슨 말인지 알 테니.) 눈사태를 뒤로 한 채 스노보드를 타고 눈산을 요리조리 내려오는 장면을 꼽겠어. 물론 컴퓨터 그래픽으로 합성된 장면이야. 이 말은 곧 이 장면이 과학적으로 말이 안 된다는 얘기이기도 해.

일반적으로 스노보드가 낼 수 있는 최고 속도는 대략 시속 250km이란다. 그리고 이 영화에서와 같은 방식으로 생겨나는 눈사태의 속도는 대략 시속 300km가 넘어. 그럼에도 불구하고 주인공이 눈사태를 뒤로 하고 별의별 쇼를 다 하면서 도망 다닌다는 것은 말도 안 되는 얘기란 말씀. 엥, 그럼 여기서 끝? 그렇다고 여기서 끝나면 재미 없지.

스노보드의 최고 속력인 시속 250km는 사람이 공중에서 낙하할 때 낼 수 있는 최대 속도보다 더 빠른 속도란다. 왜 이렇게 빠른 걸까? 오호호, 바로 이걸 설명할 거란다. 잘 들어 봐.

눈 위에서 스노보드가 출발하여 미끄러지기 시작하면 눈의 표면과 스노보드 바닥 사이에 마찰력이 생기지? 이 마찰력 때문에 열이 발생하고, 이 마찰열은 눈을 녹여 스노보드 밑판과 눈 표면 사이에 아주 얇은 물층

눈사태 앞에서 스노보드 타는 묘기를? 빨간 원 안이 주인공

을 만든단다. 이 물층 때문에 스노보드와 눈의 마찰력이 줄어들면서 속력이 붙어, 자동차보다 더 빠른 속도를 내게 되는 거지.

그런데 이 때 눈의 온도가 너무 낮으면 잘 녹지 않아서 물층이 생기지 않아. 그러면 스노보드가 잘 미끄러지지 않게 돼. 반대로 눈의 온도가 높으면 아주 쉽게 녹기 때문에 흥건해진 물로 마찰력이 지나치게 커져서 스노보드가 빨리 내려오지 못해.

결국 스노보드가 가장 빨리 내려올 수 있는 눈의 온도가 따로 있는 셈이야. 머리 똑똑한 넘들이 연구한 결과에 따르면, −15℃에서 −20℃ 사이의 온도에서 가장 잘 미끄러진다네. 그런데 만약 마찰이란 넘이 없다면 어떤 일이 벌어질까?

첫 번째로 패러글라이딩이나 낙하산을 탈 수 없단다. 이넘들은 공기와의 마찰을 이용해서 속도를 줄여야 하기 때문에, 마찰이 없다면 하늘에서 땅으로 곤두박질치게 된단다. 그렇게 된다면, 음…… 완전 엽기네.

두 번째, 스케이트나 스키도 목숨 걸고 타야 할걸. 스키를 타 본 사람

눈과 스노보드 사이의 마찰력 때문에 빨리 내려올 수 있지.

은 알겠지만 출발하는 것보다 멈추는 것이 더 어렵잖아. 그런데 마찰이 없어서 스키가 마음대로 멈춰지지 않는다면, 일부러 몸을 어딘가에 부딪혀서 정지해야 하지. 그렇게 되면 부상자가 속출할 거고, 손님이 하나 둘 줄어들어서 스키장은 망하고 말 거야.

세 번째는 비 오는 날 밖으로 나갈 수가 없게 돼. 빗방울은 공기와의 마찰 때문에 지표 근처에서 일정한 속도를 유지하게 되는 것이거든. 그 속도가 시속 10km 정도란다. 엄청 느리지? 그런데 마찰이 없다면 이 한계 속도가 사라지니까 빗방울은 어마어마한 속도로 지표면에 떨어지겠지. 속도가 얼마쯤 되냐고? 음, 계산해 보면 대략 시속 500km 가량 돼. 이 엄청난 속도의 빗방울에 사람이 맞으면? 아마도 최소한 사망일 거야.

이 밖에도 여러 가지 문제가 많아. 사람이 제대로 걸어 다닐 수가 없는 것은 물론이고, 어떤 물체든 정지해 있을 수가 없게 돼. 마찰이 없기 때문에 계속 미끄러지게 되니까.

머리카락 또한 두피에 붙어 있을 수 없고, 피부도 사람의 몸에 달라붙어 있을 수 없게 되지. 말하자면 인간이 인간의 모습을 유지하지 못하게 된다고 보면 돼.

혹시 몇 해 전에 국립 박물관에서 열렸던 '인체의 신비전' 기억하니? 만약 마찰이 없다면 우린 실생활에서 늘 그런 모습을 보게 될 거야. 오우, 노!

물건을 잡을 수도 없고, 때를 밀 수도 없고, 궁둥이를 닦을 수 없고, 세수도 못 하고……. 암튼 마찰이 없다면 이 세상이 존재할 수가 없어. 마찰이 없는 세상, 너무너무 끔찍하지 않니?

▶▶익스트림 스포츠가 뭐냐고?

이 영화에 등장하는 익스트림 스포츠(Extream Sports)는 말이야. 짜릿한 스피드를 맛볼 수 있는 대신 아주아주 위험한, 어

인공 암벽 등반

BMX

스카이서핑

쩌면 그래서 더 스릴 넘치는 제3세대 스포츠란다. 많은 젊은이들이 이 기분을 느껴 보기 위해 너도 나도 시작하면서 최근 유행세를 타기 시작했지.

흔히 X게임이라 부르기도 하고, 모험을 즐긴다는 뜻에서 '위험 스포츠'나 '극한 스포츠'라 부르기도 해.

익스트림 스포츠의 기원은 1970년대에 유행한 스케이트보드와 롤러스케이팅 등 외국의 도시 청소년이 즐기던 놀이 문화에서 비롯됐어.

그런데 1990년대 미국 스포츠 전문 케이블 TV인 ESPN이 처음으로 'X게임'이라는 제목의 프로그램을 제작하면서 널리 보급되기 시작했지.

익스트림 스포츠는 여름 게임과 겨울 게임으로 나뉘는데, 여름 게임이 훨씬 더 많단다. 여름 게임은 스케이트보드, 너희들이 좋아하는 인라인스케이팅, 자전거로 쇼를 하는 BMX, 인공 암벽 등반, 스카이서핑, 도로 썰매 타기 등이 있어.

겨울 게임은 스노보딩 · 산악 자전거 · 스키보딩 · 스노크로스 · 자유 스키 · 빙벽 등반 · 동력 눈썰매 경주 등이 있지. 이 밖에 서바이벌 게임 · 윈드서핑 · 래프팅 · 번지점프 · 웨이크보드 등이 들어가기도 해.

그런데 익스트림 스포츠는 짜릿한 만큼 부상 위험도 크기 때문에 항상 조심하지 않으면 안 된단다. 이 스포츠를 즐기려면 장갑이랑 무릎 보호대, 헬멧 등 보호 장비를 꼭 착용해야 한다는 사실을 잊지 마셔!

스파이더맨

n Spider-Man Spider-Man Spider-Man

우린 모두 모기였다?
— 유전자 조작

스파이더맨, 네 작업복(?) 잘못 만들었어!
— 벨크로 현상과 찍찍이

뭐, 나더러 이 자세로 7시간을 기다리라고?
— 거미줄

관련 단원
중학교 과학 3 '유전과 진화' | 고등학교 생물 1 '생명 생활과 인간 생활'

거미줄을 타고 뉴욕의 고층 빌딩 사이를 이리저리 옮겨 다니는 인간……. 인류 역사상 그 누구도 해 본 적 없는 화려한 공중 9회전과 평점 10.00점 만점의 가뿐한 착지를 유감없이 선보인 영화 〈스파이더맨〉. 우리말로 풀이하면 '거미 인간' 쯤 되겠지.

개인적으로 이 영화의 줄거리는 별로 볼 것이 없다고 생각해. 그러나 영화 내내 63빌딩은 명함도 못 내밀 만큼 높디높은 빌딩들 사이를 헤집고 다니는 스파이더맨의 액션 장면은 아주 압권이라 할 수 있지. 스파이더맨의 속도감이 너무도 생생하게 전해져 와서, 저러다가 스파이더맨이 화면 밖으로 튕겨져 나오는 건 아닌가 하는 걱정까지 들더라니까.

음, 이번에는 특이하게 이 영화의 뒷이야기부터 해 볼까?

맨 처음 스파이더맨 역에는 레오나르도 디카프리오, 톰 크루즈, 짐 캐리 등 할리우드에서 내로라하는 스타들이 모두 거명됐다. 레오나르도 디카프리오는 본인 스스로 스파이더맨 역에 욕심을 냈지만, 제작 일정이 지연되면서 포기했다더군.

〈배트맨과 로빈〉에서 로빈 역을 맡았던 크리스 오도넬도 한때 물망에 올랐는데, 원작 만화 팬들의 거센 항의에 부딪혀서 결국은 캐스팅에서

우린 다 물먹은 배우예요. 정말로 스파이더맨 역을 하고 싶었는데…….

제외됐다지. 아, 불쌍한 넘……. 참, 모두 다 알다시피, 〈스파이더맨〉은 만화를 기초로 만든 영화야. 여기에 대해선 뒤에서 설명하도록 할게.

아무튼 우여곡절 끝에 토비 맥과이어란 넘이 주연을 맡게 됐지. 그는 촬영 5개월 전부터 요가에다 격투기, 체조 등을 배우면서 영화에 필요한 액션들을 연습했대. 복 받은 넘! 정말 좋았겠다.

이 영화는 우리 나라와 인연이 있다면 있다고 할 수도 있는 영화야. 영화 제작사인 콜럼비아 사가 잔꾀를 부리다가 두 번 고생한 일이 있거든. 음, 타임스퀘어 광장 부근에 있던 삼성전자 광고판을 디지털 처리하여 USA 투데이 광고로 바꿨다가, 빌딩 소유주의 이의 제기로 결국 원래대로 돌려 놨잖아.

그 덕분에 스파이더맨이 뉴욕 맨해튼의 빌딩 사이를 누비는 장면에서, 타임스퀘어에 설치된 삼성전자의 대형 광고판이 모두 4차례, 합하면 대략 7~8초 간 화면에 등장하는 영광을 누렸단다. 삼성전자는 수백억 원

보이니? 자랑스런 우리 상표!

짜리 광고를 공짜로 한 셈이 됐지. 복 있는 넘은 역시 달라, 그지?

우린 모두 모기였다?

    어느 날 우리의 주인공 피터는 콜럼비아 대학에 견학을 갔다가 우연히 유전자가 조작된 슈퍼 거미한테 물리게 돼. 그 결과 슈퍼 거미의 능력을 가진 스파이더맨이 되고 말지. 어떤 능력이 생겼는지 궁금하지 않니?

    아무런 장비 없이 건물 벽을 맨손으로 기어 올라가고, 팔목에서는 아주 강력한 거미줄이 뿅~ 하니 튀어나와 원하는 곳이라면 어디든지 타잔처럼 매달려 갈 수 있게 되었지. 그뿐만 아니라 지칠 줄 모르는 힘과 민첩성까지 갖게 되었단다.

    그런데 아무리 유전자가 조작된 슈퍼 거미라고는 하지만, 단 한 번

거미한테 물려 봐. 이렇게 돼.

물렸다고 사람이 정말 거미의 능력을 가질 수 있을까? 이 영화는 피터가 슈퍼 거미에게 물리는 순간, 그의 유전자가 조작되어 그렇게 된 거라고 주장하고 싶은 모양인데……. 난 아니라고 봐. 절대 아니지, 그럴 수가 없어.

먼저 유전자 조작이 무엇인지부터 알아보자. 어떤 생명체의 좋은 유전자를 칼로 무 썰듯 숭덩 잘라낸 뒤, 다른 생명체에게 주입하여 그 생명체가 전보다 더 우수한 능력을 갖도록 만드는 거야. 이를테면 토마토에다 병충해에 강한 유전자를 삽입하면, 병충해에 강한 품종의 토마토가 새로 만들어지는 거지.

세계 최초로 시중에 판매된 유전자 조작 식품은, 1994년 미국 칼젠 사가 개발한 토마토란다. 일반적으로 토마토는 숙성 과정에서 물러지게 마련인데, 여기에 관여하는 유전자 중 하나를 살짝 바꿔쳐서 수확 후에도 상당 기간 동안 탱탱한 상태를 유지하도록 했어.

나, 때깔 좋아 보이지 않니?

그런데 유전자 조작으로 만들어진 식품은 위험성이 만만치 않다고 하잖니? 그래서 환경 보호 단체와 소비자들이 때때로 강한 태클을 걸곤 하지. 요즘 들어 신문이나 방송에서도 자주 떠들어 대고 있잖아. 유전자 조작 식품을 수입하지 말자는 둥, 사람 몸에 좋지 않다는 둥 하면서…….

왜 이렇게 나서서 소란을 피워야 하냐면, 사람이나 가축에 대한 유전자 조작 식품의 안전성이 검증되지 않았기 때문이야. 사실 유전자 조작 식품은 알레르기나 독성, 면역 체계 약화 등 여러 가지 문제점을 불러일으킬 우려가 있거든.

오랜 기간 재배했을 때에는 생태계를 교란시킬 우려도 있고, 생물들의 다양성이 파괴되는 등의 위험이 따를 수도 있어. 그 외에도 아직 검증되지 않은 위험 요소들이 많다고들 하지.

그래서 많은 유전학자들이 이런 위험 요소를 제거하려고, 남들 다 퇴근한 뒤에도 실험실에서 라면 끓여 먹어 가면서 열심히 노력하고 있단다. 자, 격려하는 차원에서 그들의 등짝을 한 번씩 두들겨 주자. 툭, 툭!

다시 영화 얘기로 돌아가면, 유전자 조작이란 것이 이 영화에서처럼 그리 간단한 게 아니란 얘기야. 사람이 거미한테 물린다고 유전자 조작이 일어난다면 전 세계에 있는 유전학자들은 다 굶어 죽어야 하지 않겠니? 유전자 조작 같은 것 어렵게 연구할 필요 없이 거미한테 한번 물리면 끝날 것 아니야.

내가 누구냐구? 이 책 쓴 넘이다.

이 영화에서처럼 사람이 거미에게 물리는 것만으로 거미의 능력을 갖게 된다면, 여름철마다 모기떼에게 헌혈(?)하는 4,700만 우리 나라 국민은 모두 다 모기의 능력을 갖게 된다는 거야, 뭐야? 그러면 우린 다 모기란 얘기?

아이고, 그러면 교통 문제 때문에 골머리를 앓을 필요 없겠네. 모기처럼 날아가면 그만이니까. 모기약도 모두 없애야겠구먼. 우리 나라 국민의 생존권을 위해서!

농담은 이쯤에서 끝내고, 다시 스파이더맨 이야기를 해 보자. 음, 피터가 스파이더맨이 되려면 말야. 다음과 같은 유전자 조작 과정을 반드시 거쳐야 해.

◀유전자 조작 과정▶

1. 우선 거미에게서 유전자를 꺼내야겠지.
2. 이 유전자에서 거미줄을 만드는 능력이나 벽을 기어 오르는 능력 따위의 영화에 필요한(?) 유전자를 분리해 내야 해.
3. 그 담엔 분리한 거미 유전자를 피터의 몸으로 옮겨야 된단다. 이 유전자 조작 과정에서 유전자를 이리저리 옮기는 역할을 하는 넘이 따로 있는데, 누구냐면 바로 '벡터'라고 하는 DNA 분자야. 이넘을 이용하지 않으면, 유전자 조작이 불가능하다고 해.

그런데 실제로 슈퍼 거미가 우리의 주인공 피터를 물게 된다면 어떤 일이 벌어질까?

슈퍼 거미한테서 나온 그 무엇인가(뭐라 딱히 꼬집어 말하긴 어렵지만, 우리 몸에서는 이넘을 병원균이라 하지.)가 피터의 몸 속으로 침투하면 어떤 일이 벌어지겠느냐는 얘기지. 아마도 곧장 면역 체계에 비상 사이렌이 울리면서 이넘을 없애려고 백혈구들이 똥줄 빠지게 달려와서 착 달라붙을걸.

그걸로 이넘은 끝장인 거야. 바이바이~. 우리 몸의 면역 체계를 너무 무시하지 말란 말이야.

스파이더맨, 네 작업복(?) 잘못 만들었어!

그래, 지금 세계 경제도 불안하고 국제 유가도 들썩들썩한다고 하니까 피터가 유전자 조작 거미한테 물려서 거미의 능력을 갖게 됐다고 억지로나마 인정해 보기로 하자.

어헝, 신기해라. 내가 벽을 타게 될 줄이야.

그런데 영화에서 피터가 손수 디자인해서 한 땀 한 땀 정성스럽게 꿰매 만든 스파이더맨 작업복은 왜 그 모양인 걸까? 거미의 특성을 그토록 깡그리 무시할 수 있느냔 말이지. 무슨 말이냐고? 음, 이제부터 스파이더맨의 작업복 속에 숨어 있는 비밀을 아낌없이 폭로해 줄게.

주인공 피터는 거미한테 물린 뒤, 손가락 끝에 거미의 털 같은 것이 돋아나서 벽을 마음대로 기어 오를 수 있게 돼. 거미도 그렇거든. 거미 다리를 유심히 들여다보면, 그 끝에 미세한 털들이

이게 찍찍이란다.

숭숭 나 있어. 우리 눈에는 그저 평평해 보이는 벽면도 사실 현미경으로 확대해 보면 우둘두툴하잖아.

거미 다리 끝에 난 털들이 이 우둘두툴한 표면에 이리저리 휘감기고 얽혀서 거미가 미끄러지

지 않고 매달려 있도록 하는 거야. 이것을 '벨크로 현상' 이라고 한단다.

우리 주변에도 이 '벨크로 현상' 을 이용해서 만든 대표적인 물건이 하나 있지. 알아맞혀 봐. 뭐게? 음, 우리가 평소에 찍찍이라고 부르는 벨크로 테이프야. 옷소매나 가방은 물론, 무중력 상태의 우주선 속에서 여러 가지 도구들을 고정시키는 데 이용되는 등 그 쓰임새가 아주 다양해.

그러나 피터가 디자인한 스파이더맨의 옷을 한번 보렴. 특히 손과 발 부분을 잘 봐. 그림처럼 스파이더맨이 벨크로 현상의 도움으로 국기 게양대 같은 데 철썩 붙어 있으려면, 손과 발에 난 털을 적절히 이용해야만 해.

그런데 저렇게 손과 발을 온통 덮어 버리는 작업복을 입고 있으면 어떻게 되겠니? 손과 발에 난 털이 옷 밖으로 나올 수 없기 때문에 당연히 국기 게양대나 벽면의 표면을 털들이 휘감을 수 없게 되지.

그러면 스파이더맨은? 두말할 것 없이 아래로 쭉 미끄러져 떨어질 수밖에. 근데 이게 뭔 일이래? 영화 속 스파이더맨은 아스팔트에 붙은 껌처럼 떨어질 줄을 모르니…… 어허!

아까도 말했다시피, 피터가 슈퍼 거미한테 물려서 거미의 능력을 갖게 되는 것까진 맘 넓은 우리가 봐준다고 치자. 그런데 이 부분까지 용서해 주긴 좀 그렇잖니?

물론 스파이더맨의 손과 발에 난 북실북실한 털이 화면에 그대로 드러나면 폼은 좀 안 나겠지. 스파이더맨 하면 폼에 살고 폼에 죽는 정의의 주인공이니까.

그래서 감독도 어쩔 수 없었나 보지. 관객들이 제발 벨크로 현상을 몰라 주기를 바랄

작업복에 둘러싸여 있는 손 보이지?

뿐……. 그 심정이야 백번 이해하지만, 우릴 너무 띄엄띄엄 보는 건 썩 유쾌하지 않은걸.

영화 소품 담당자는 스파이더맨이 진실로 거미 인간으로 거듭날 수 있도록 스파이더맨에게 손과 발이 노출된 옷을 제공하라, 제공하라, 제공하라!

어, 그러면 겨울엔 어떻게 벽을 타냐? 몹시 추울 텐데……. 이 책 많이 팔리면 내가 면장갑 하나 사 주마. 기다려!

뭐, 나더러 이 자세로 7시간을 기다리라고?

그래, 쓰는 김에 팍팍 써서 국제적으로 불어닥친 기상 이변과 생물 복제의 윤리성 문제를 고려해 스파이더맨의 옷까지도 너그러이 이해해 주기로 하자. 나, 마음씨가 정말 고운 것 같지 않니?

하지만 문제는 여기에서 그치지 않아. 스파이더맨은 거미줄을 이용해서 뉴욕의 빌딩 숲 사이를 마구 헤집고 다니잖아. 그러면서 악당들에게 거미줄을 발사해 움직이지 못하게끔 만들지. 그런데 이게 과연 가능한 일일까?

일단 거미줄에 대해 알아보자. 거미줄의 굵기는 대개 0.001mm 정도에 불과하단다. 그렇지만 거미줄의 주요 성분은 단백질 등의 천연 성분으로 이루어져 있어서, 이걸로 섬유를 만들면 알레르기 반응이 전혀 일어나지 않는다고 해. 게다가 방수성과 통풍성까지 아주 뛰어나다고 알려져 있어.

또 신축성이 하도 뛰어나서 원래 길이의 2배까지 늘어날 수 있다는군.

야호, 재미있다! 너희들, 이 기분 모르지?

게다가 거미줄이 끊어질 때까지 견딜 수 있는 무게가 자그마치 80kg이나 된다나. 어른 한 명이 올라타도 될 정도라니, 정말로 대단한 거미줄이라 아니할 수 없어.

여기서 황당한 질문 하나 던져 볼까? 거미줄과 강철 중에서 어느 쪽이 더 강할 것 같니? 물론 거미줄이지. 강철이 더 강하다면 이런 질문을 왜 던지겠니? 같은 굵기의 강철과 거미줄을 비교해 보면, 거미줄이 강철보다 10배쯤 더 강하다고 해.

철사줄 정도의 두께로만 뽑아 내도 피아노 한 대쯤은 가뿐하게 천장에다 매달 수 있다는군. 이 때문에 미국 해군에서는 낙하산이나 방탄 조끼에 쓸 강력한 섬유를 만들기 위해 거미줄에 관한 연구에 밤낮 없이 몰두하고 있다고 해.

거미줄은 유연성 또한 기가 막히단다. 쉽게 말해, 여간해선 끊어지지 않는다는 얘기지. 거미줄 한 가닥을 80,000m까지 늘이는 데 성공했다

날 무시하지 말라니까! 나, 무지 세.

는 연구도 있다니 감탄하지 않을 수가 없구먼.

여기서 잠깐! 우리가 거미줄에 대해 잘못 알고 있는 상식이 하나 있어. 사람들은 대개 모든 거미줄이 끈적거린다고 생각하는데, 실제로는 그렇지가 않단다.

거미줄이 거미의 똥꼬에서 뿜어져 나올 때는 액체 상태라고 해. 거미의 뱃속에는 밖으로 나가면 거미줄로 바뀔 수 있는 액체가 그 속에 들어 있다나. 이 액이 똥꼬를 통해서 밖으로 뿜어지는 순간, 공기와 만나면서 굳어져 줄의 형태가 된다는 거지.

재미있는 것은 거미줄 가운데서도 끈끈이가 묻어 있는 게 있고, 그렇지 않은 게 있다는 거야. 한 마리의 거미가 내뿜는 거미줄의 종류는 꽤 여러 가지가 있다는군. 테실 · 발판실 · 가로실 · 세로실……. 어휴, 많기도 하다.

이 가운데서 끈끈이가 묻어 있는 것은 가로실뿐이래. 나머지는 나일론

실처럼 매끈매끈하다는 거야. 못 믿겠다고? 그럼 한번 만져 봐.

지금까지 얘기한 대로라면, 스파이더맨이 거미줄을 발사해 가면서 하늘을 날아다니는 것이나, 끈끈이가 묻어 있는 거미줄로 악당들을 묶어서 꼼짝 못하게 하는 것이 어쩌면 가능한 일일 듯도 한데…… . 과연 그럴까?

아까도 말했다시피 거미줄이 힘을 발휘하기 위해서는 굳는 시간이 필요해. 여기서 간단히 계산을 한번 해 보도록 하자. 거미줄이 굳는 데 드는 시간은 거미줄의 부피에 비례한단다. 부피가 크면 클수록 굳는 시간이 오랜 걸린다는 얘기야.

그러면 거미의 거미줄 부피하고 스파이더맨의 거미줄 부피의 비를 알아보면 시간 계산이 가능하겠지? 일단 거미의 거미줄 부피를 2cm³로, 스파이더맨의 거미줄 부피는 200cm³로 가정해 보자. 그렇게 되면 부피비가 1:100이 되겠지? 결국 스파이더맨의 거미줄은 거미의 거미줄보다 굳는 데 1백 배쯤 시간이 더 걸리는 셈이고…… .

이젠 거미의 거미줄 부피하고 스파이더맨의 거미줄 부피비를 계산해 보자꾸나. 중학교 1학년 2학기 수학 시간('입체 도형' 단원)에 졸지만 않았다면, 그리 어렵지 않은 계산이야. 일단 거미의 거미줄이나 스파이더맨의 거미줄을 모두 원기둥이라고 보는 것이 좋겠어.

자, 원기둥의 부피를 계산하는 식이 어떻게 되는지 기억하는 사람? 그래, 그래. 많이들 알고 있군. 바로…… , $V = \pi r^2 h$. 이 식에서 V는 원기둥의 부피, π는 원주율, r은 원의 반지름, h는 원기둥의 높이를 뜻한단다.

캬, 다들 생각한 것보다 똑똑한걸. 그렇담 이제 거미줄의 반지름이랑 길이만 알면 부피비를 계산할 수 있겠다, 그지?

일단 스파이더맨의 거미줄 지름은 앞에서 이야기한 철사줄 지름인 1mm(=0.001m)로 하고, 거미가 사용하는 거미줄의 지름은 0.001mm

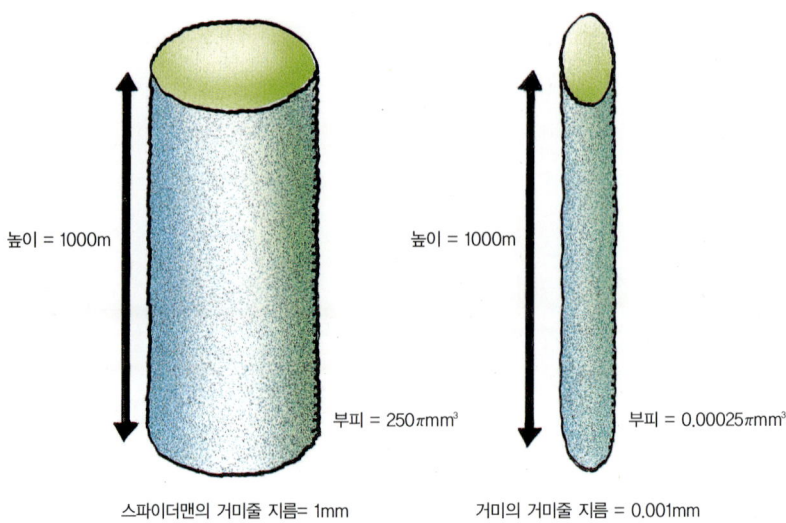

높이 = 1000m   높이 = 1000m

부피 = 250πmm³   부피 = 0.00025πmm³

스파이더맨의 거미줄 지름= 1mm   거미의 거미줄 지름 = 0.001mm

(=0.000001m)라 가정하자. 불만 없지?

 그리고 거미줄의 길이는 1,000m 정도로 계산할게. 왜냐 하면 영화에
서 스파이더맨이 나쁜 넘 때려잡으러 갈 때, 보통 100m 정도 돼 보이는
거미줄을 10번 정도 벽에다 발사하거든. 그래서 10×100m인 1,000m
로 하는 거야. 그러면 ,

$$\frac{V \,\text{스파이더맨의 거미줄}}{V \,\text{거미의 거미줄}} = \frac{\pi \left(\dfrac{0.001}{2}\right)^2 1000(\text{m}^3)}{\pi \left(\dfrac{0.000001}{2}\right)^2 1000(\text{m}^3)} = \frac{1000000}{1}$$

 아, 계산해 보니 거미의 거미줄 대 스파이더맨의 거미줄의 부피비는
1백만 배 차이가 나네, 그지?

너, 그 자세로 7시간 동안 기다려야 돼.

이제 스파이더맨의 거미줄이 굳는 데 드는 시간을 계산해 보자. 일반적으로 거미가 사용하는 거미줄은 공기 중에 노출되면 즉시 굳어진다고 하니까, 사람이 눈을 한 번 깜빡이는 데 드는 시간인 0.025초로 가정해 보자.

그렇담 스파이더맨이 사용하는 1mm 두께의 거미줄이 굳는 데 드는 시간은 어떻게 구하면 되지? 그래, 그래, 부피비인 1백만 배를 곱해 주면 돼. 금방 나오지? 대략 7시간 정도 나오네.

헉! 그렇담 우리의 주인공 피터는 매번 거미줄을 발사하고 난 뒤에 거미줄이 굳을 때까지 무려 7시간씩을 기다려야 된다는 얘기야? 우째야 쓸까? 악당들이 모두 집으로 돌아가고 난 다음에야 사건 현장에 도착할 수 있다는 거잖아. 그렇담 정의는 언제 실현시켜?

결국 이 굳는 시간 때문에, 제일 볼 만했던 스파이더맨의 줄타기 묘기가 모두 거짓부렁이 되고 말았네.

끝으로 한마디만 더 하면, 거미는 거미줄을 똥꼬에서 뿜어낸다. 스파이더맨처럼 손목에서 뿜어내지 않아. 더럽다고? 원작 만화에서는, 과학에 천부적인 재능을 가진 주인공 피터가 거미줄을 발사하는 별도의 기계 장치를 발명해 내는 것으로 설정돼 있어. 그게 좀더 설득력 있는 것 같은데…….

▶▶만화로 시작된 스파이더맨

스파이더맨을 주제로 만들어진 영화는 무려 30여 편에 이른단다. 무지 많지?

만화의 내용이 더 궁금하다고? 음, 기다려. 소개해 줄게.

영화에서처럼, 학교 친구들은 스파이더맨을 좋아하면서도 피터를 계속 괴롭힌단다. 반면 피터가 근무하는 신문사의 편집장인 제임슨은 피터에게 사진 구입하는 것은 좋아하면서도 스파이더맨 자체는 몹시 싫어했어. 그래서 틈만 나면, 자신의 지위를 이용해서 스파이더맨을 없애려 하지. 영화엔 이넘이 등장하지 않아.

그 후 피터는 고등학교와 대학교를 별 탈 없이 무사히(?) 졸업해.(적고 나니 싱겁군.)

거대 만화 기업인 마블 코믹스가 창조한 스파이더맨은 1962년 8월 과학 픽션 만화 잡지인 《어메이징 판타지》의 마지막 호에 처음 모습을 드러냈어.

줄거리는 영화랑 별 차이 없어. 고등학생인 피터가 박물관에 갔다가 유전자 조작 거미에게 물려, 초능력을 지닌 거미 인간으로 변하게 됐다는 거야. 그래서 낮에는 사진 기자로, 밤에는 뉴욕의 범죄자들을 소탕하는 정의의 사도로 살아가게 되지.

이 만화는 1963년 3월부터 《어메이징 스파이더맨》으로 발행되었고, 1977년부터 신문에 연재되기 시작했어.

1977년엔 니콜라스 해먼드란 넘이 스파이더맨으로 나오는 TV 영화가 세 편 제작되기도 했지. 1981년에는 TV 애니메이션 시리즈로 만들어져 방영되기도 했고⋯⋯. 그간

그런데 피터의 여자 친구인 그웬 스테이시가 그린 고블린과 싸움을 하던 중 살해되고 말아. 그래서 피터는 어떻게 됐냐고? 에, 가슴 좀 아파하다가 영화에도 등장하는 메리 제인 왓슨과 만나게 되지. 그 뒤엔? 여차저차하다가 사랑하는 사이가 되고, 결국엔 결혼을 하면서 끝을 맺는단다.

듣고 나니 좀 시시하지? 나도 그래, 큭!

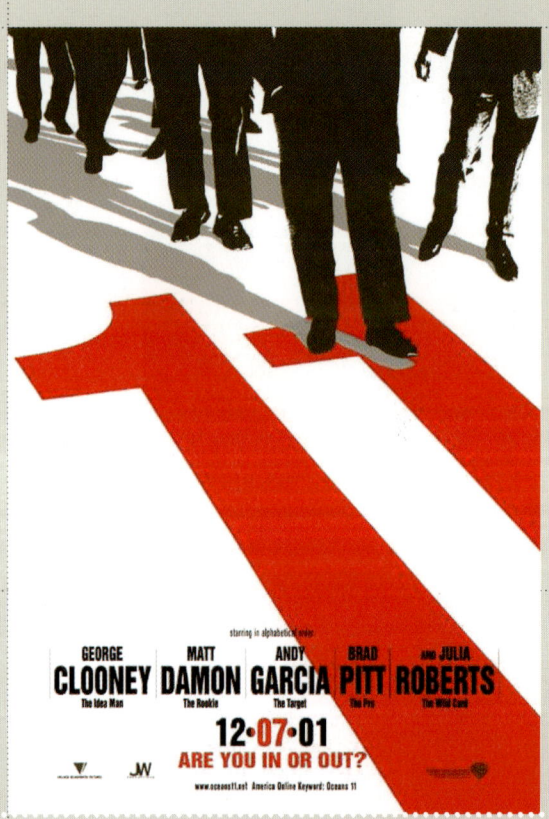

오션스 일레븐

핀치가 뭔데?
— 핵융합과 플라즈마

EMP가 발생하면 어떤 일이?
— 전기장과 자기장, EMP, 전자기 유도 현상

관련 단원
중학교 과학 1 '물질의 세 가지 상태' | 중학교 과학 3 '유전과 진화' | 중학교 과학 3 '전류의 작용'
고등학교 과학 '전기 에너지'

〈오 션스 일레븐〉은 할리우드 스타들의 화려한 랑데부라고 자기 네들끼리 강력하게 우겨 대는 영화란다. 이 영화를 살펴보기 전에 먼저 왜 '오션스 일레븐'이란 제목이 붙었는지부터 알려 줄게. 그러자면 등장 인물들부터 살펴봐야겠군.

주인공 대니 오션을 비롯하여 카드의 귀재 러스티 라이언, 최고의 소매치기 리누스 클래드웰, 파괴 전문가 배셔 타르, 자동화 기계 전문가이자 운전사 겸 바람잡이인 말리 형제, 프로 카드 딜러인 프랭크 카튼. 여기서 한 번 쉬었다가…….

자, 계속한다. 은퇴한 전문 사기꾼 소울 블룸, 팀의 귀와 눈 역할을 하는 리빙스턴 델, 중국계 곡예사인 옌……, 헉헉, 무지 많다. 일단 몇 명인지 세어 보자. 흠, 꼭 11명이군. 그래서 일레븐(eleven)? 맞았어! 말하자면 오션이 준비하는 거사(?)에 동참하는 사람들의 숫자가 모두 합해

기념 사진 촬영하는데, 나머지 6명은 대체 어딜 간 거야?

11이라는 거야.

　그 거사가 뭐냐고? 음, 감옥에서 나온 지 반나절도 안 된 우리의 주인공 오션이 나름대로 깜찍 발랄한 일을 꾸몄는데, 그것이 뭐냐면 라스베이거스의 대형 카지노 세 곳에서 벌어들인 돈(1억 5천만 달러 상당)을 모아 놓은 지하 금고를 턴다는 거야.

　영화에 들어가기에 앞서, 이 영화의 주 배경으로 등장하는 MGM 그랜드 호텔에 대해 좀 알아보도록 하자.

　MGM 그랜드 호텔은 세계에서 가장 큰 휴양 호텔이라지. 1993년 12월 8일에 개장을 했어. 434,400평의 대지 위에 세워진 30층짜리 건물로, 총 5,005개의 방을 보유하고 있다나. 그 가운데 스위트룸이 751개고, 스위트룸의 평균 면적이 약 164평이래.

　참, 스위트룸이 뭐냐고? 음, 욕실이 달린 침실에 거실 겸 응접실 등등

밤에만 호텔 건물이 초록색으로 바뀐다나.

이 하나로 이어져 있는 특별실을 말해. 대부분 호텔 고층에 위치하고 있지. 이런 방의 투숙료는 겁나게 비싸단다. 이 책 많이 팔리면 나도 한번 가 봐야지!

아, 다시 호텔 얘기로 돌아오면……. 4만 평 규모의 카지노와 5천 대 이상 주차가 가능한 주차장도 구비하고 있지. 그 외에도 엘리베이터가 93대, 종업원 수가 대략 1만 명 정도 된다나.

특히 2만 명을 수용할 수 있는 실내 극장 겸 특설 링인 '그랜드 가든 아레나'는 17,157개의 좌석을 보유한 특별 이벤트 센터라고 해. 이 곳에서는 가수들의 콘서트나 권투 챔피언 결정전, 각종 시상식이 주로 열린대. 예전엔 '핵주먹'으로 이름을 날렸지만, 지금은 귀 물어뜯기의 명수로 더 유명한 마이크 타이슨도 꼭 이 곳에서만 경기를 한다지?

또 이 호텔은 저녁이 되면 건물 전체가 초록색으로 바뀌어 환상적인 분위기를 자아낸다고 해. 입구에 있는 들입다 큰 사자상은 방문객들이 가장 자주 찾는 곳이기도 하다는군.

핀치가 뭔데?

이 영화에서 주인공 오션과 그 떨거지들이 계획한 대로 MGM 카지노 금고에서 돈을 훔치기 위해서는, 우선 지하 금고 엘리베이터 안의 보안 장치를 뚫고 내려가야 해. 오션과 라이언이 그 일을 맡기로 했단다. 그런데 엘리베이터 내부의 레이저 감지 장치에 걸리지 않고 바닥까지 내려가자면, 두 사람이 줄을 타고 내려가는 10초 정도의 시간 동안 보안 장치가 작동하지 않도록 해야 한다는 게 문제지.

우리, 성공할 수 있을까? 기다려 봐! 핀치가 가능하게 해 줄 테니…….

이 계획의 성공 여부를 좌우하는 이 10초의 시간을 벌기 위해서, 이들은 어느 실험실에 잠입하여 '핀치'라는 기계를 훔쳐낸단다. 영화 설정상, 핀치란 넘이 강력한 EMP(전자기 충격파)를 발생시킬 수 있으리라 믿은 거지.

바야흐로 오션과 라이언이 지하 금고로 들어가기 직전, 보안 장치를 무용지물로 만들기 위해 핀치라는 넘을 가동시켜. 그러면 EMP가 발생하여 라스베이거스의 모든 전력이 잠시 동안 맛이 가게 될 테니까. 오션과 라이언은 그 틈을 이용하여 안전하게 지하 금고로 들어가는 거고…….

그런데 이 장면은 영화니까 가능하지 실제로는 일어날 수 없는 일이란다. 왜냐고? 음, 그러면 먼저 이 영화에 느닷없이 등장하여, 관객의 물리적 지식에 혼란을 일으킨 핀치라는 넘에 대해 알아보도록 하자.

핀치는 핵융합에 관한 연구를 할 때 주로 사용되는 것으로, 고온 플라즈마를 생성해 내는 기계란다. 아이, 핵융합은 뭐고 플라즈마는 또 뭐야? 어허, 참을 '인(忍)'자 세 개면 살인도 면한다 했거늘……. 하나씩 가르쳐 줄 테니, 그만 툴툴거리고 잘 따라오셔.

첫 번째로, 플라즈마에 대해 알아보자. 경험상 물체의 온도를 높이면 고체→액체→기체로 3단 변신을 한다는 건 알고 있지? 그런데 물체에다 수만 도 이상의 높은 온도를 가하면 어떻게 될까? 물론 '짠!' 하고 변신을 하게 되지. 대체 어떤 모습으로 변신을 할까?

수만 도라, 이게 얼마나 뜨거운 건지 상상이 되니? 접촉하는 순간, 피부가 홀라당 벗겨질 만큼 뜨겁디뜨거운 온도야. 그러니 물체라고 한들 꿋꿋이 버틸 수 있겠니? 이 온도에 노출되는 순간, 물질을 이루는 가장 기본 단위인 원자가 전자와 원자핵으로 낱낱이 분해돼 버린단다.

이렇게 원자핵과 전자가 제각기 흩어져 따로따로 놀게 되는 물질의 상태를 플라즈마라고 해. 플라즈마는 고체·액체·기체와 더불어 물질의 제4상태라고 하지.

우리 주위에서 쉽게 발견할 수 있는 플라즈마는 집에서 사용하는 형광등, 그리고 길거리에서 자주 볼 수 있는 네온사인, 한여름에 소나기가 쏟

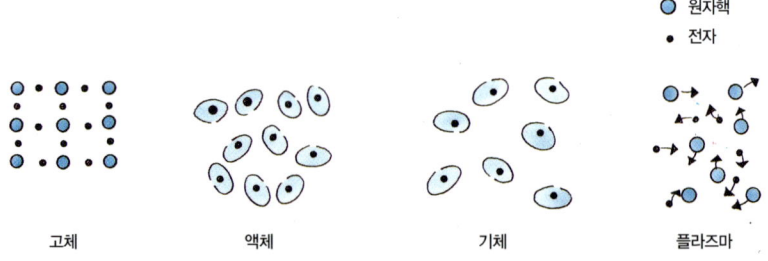

○ 원자핵
· 전자

고체   액체   기체   플라즈마

물질의 상태는 온도가 높아질수록 고체에서 플라즈마로 변해 가지롱!

아질 때 흔히 발생하는 번갯불, 극지방에서 볼 수 있는 오로라 등을 들 수 있단다. 뿐만 아니라 우주의 99%가 플라즈마 상태로 되어 있다는 말도 있어. 그러고 보니, 플라즈마가 우리 생활 속에 아주 깊숙이 들어와 있었구나, 그지?

두 번째로, 핵융합은 매우 높은 온도에서 두 개 이상의 원자핵이 합체하여 무거운 원자핵으로 변신하는 것을 말해. 핵융합 현상의 가장 대표적인 예가 바로 태양이잖아.

전 세계적으로 공부 좀 한다는 넘들이 모여 앉아서, 태양이 에너지를 만들어 내는 핵융합 방식을 본떠서 '인공 태양'을 만들려고 무진장 애를 쓰고 있단다. 이게 바로 그 이름도 유명한 핵융합 발전이지.

핵융합 발전은 인류 역사상 가장 위대한 과학적 도전 가운데 하나로 평가받을 만하다고 생각해. 이게 성공하기만 한다면, 인류는 더 이상 에

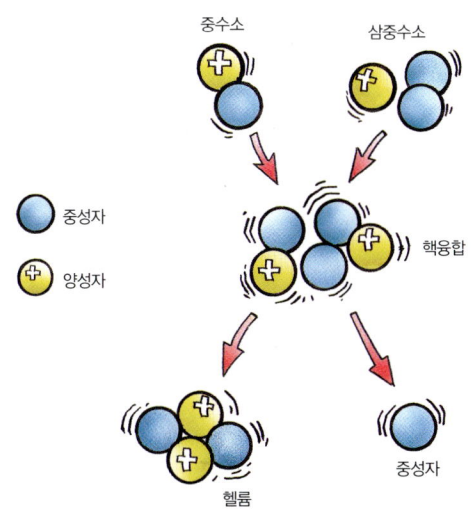

중수소와 삼중수소의 핵융합은 이렇게 일어나.

너지 걱정을 하지 않고 살아갈 수 있거든.

게다가 핵융합 반응에 필요한 중수소와 삼중수소란 넘들은 바닷물 속
에 풍부하게 있기 때문에 연료 걱정조차 할 필요가 없어. 어, 그런데 중
수소랑 삼중수소는 또 뭐냐고? 음, 중수소는 수소 가운데서 좀 뚱뚱한
넘을 말하는데, 질량수가 2인 넘을 가리켜. 삼중수소는, 두말 하면 잔소
리지. 질량수가 3인 넘!

거기다 핵융합 발전소는 일반 원자력 발전소와 달리 방사능이 유출될
염려가 전혀 없단다. 아주 깨끗하고 안전한 에너지지. 성공만 한다면 말
이야. 그런데 아쉽게도 아직까지 실험 단계에 머물러 있다는군.

이러한 핵융합 연구 실험에 쓰이는 장치가 바로 이 영화에 등장하는
핀치라는 넘이야. 이젠 핀치라는 기계가 뭘 하는 넘인지 대충 알겠지?
괜스레 어려운 기계를 써 가지고 여러 사람 애먹이는걸, 그지?

EMP가 발생하면 어떤 일이?

뭐, 아까부터 무지무지 궁금한 게 있다고? 그러니까 EMP가 뭐하는 넘
이냔 말이지? 음음, 알았어. 조금만 참아 봐. 이제부터 얘기해 줄 테니까.

EMP란 'Electromagnetic Pulse'의 준말이란다. 우리말로 풀어 보면,
'전자기 충격파' 정도 돼. EMP는 핵폭탄이 터지면 자연스레 발생하는
데……. 일단 이넘이 발생하게 되면, 아주 골치 아픈 일들이 일어난다.

만일 고도 300km 정도에서 10Mt(메가톤 기억나지?)짜리 핵폭탄이 터
진다면, 이때 발생하는 EMP는 반경 3,000km 이내에 있는 컴퓨터와 전
자 통신, 레이더 감지 장치 등을 모조리 고물로 만들어 버린다. 왜 그

러게? 그 이유를 설명하자면 좀 어렵긴 한데, 그래도 다 읽을 거지?

핵폭탄이 터져서 생긴 EMP는 순간적으로 상당히 먼 거리까지 파장을 일으키게 돼. 그래서 전기장과 자기장에 무지막지하게 큰 변화를 일으키거든. 전기장, 자기장, 이건 또 뭐야?

음, 전기장은 전기력이 작용하는 공간을 의미해. 전기장에서 일어나는 현상은 일상 생활에서도 흔히 발견할 수 있어. 빗으로 머리카락을 세운다든가, 풍선에 깃털을 붙인다든가……. 일종의 정전기라 생각하면 돼.

자기장은 자기력이 작용하는 공간을 의미하지. 자기장에서 일어날 수 있는 현상으로는, 자석의 N극과 S극 주위로 철가루가 둥그렇게 퍼지는 모습을 들 수 있단다. 이런 실험, 많이 해 봤잖아. 여기까진 알겠지?

일반적으로 회로 주변의 자기장에 변화가 생기면 반드시 전류가 발생한단다. 이를 전자기 유도라고 해. 전자기 유도 현상을 이용한 대표적인 예가 바로 전기를 만들어 내는 발전기지.

아, 글을 쓰는 나도 머리가 아프다. 왜 이렇게 어려운 말들이 많이 나오는 거야? 그렇지만 이제 다 왔으니까, 마음을 가다듬고 정리를 해 보도록 하자. 음, 핵폭발로 생겨난 EMP는 순간적으로 미치고 팔짝 뛸 만큼 거대한 전기장과 자기장의 변화를 만들어 내.

이렇게 되면 전자 회로에 뭐가 흐른다

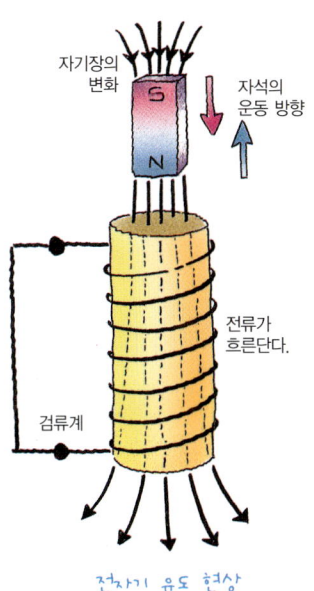

자기장의 변화

자석의 운동 방향

전류가 흐른단다.

검류계

전자기 유도 현상

고? 맞아, 잘 이해하고 있군. 전류야, 전류! 상황에 따라 다르지만 보통 수천억 볼트 이상의 전류가 흐른다고 해. 그럼 수천억 볼트의 전류가 흐르는 전자 회로는 어떻게 될까? 첨단 전자 제품들 안에 들어 있는 모든 전자 회로는 이 전류를 이기지 못하고 다 타 버릴 거야.

EMP가 이렇게 무시무시한 힘을 갖고 있다 보니, 미국과 러시아에서는 EMP를 이용한 무기를 만들기 위해 밤낮으로 연구에 몰두하고 있다지? 하여튼 그놈들은 틈만 나면 무기 만들 궁리뿐이라니까. 인류의 평화에 전혀 도움이 안 되는 것들 같으니라고…….

참, 핀치와 EMP의 오묘한 관계를 얘기하지 않았구나. 이제부터 얘기해 줄게. 잘 들어 봐. 물론 핀치를 가동할 때도 EMP가 발생하기는 해. 그러나 이 영화에서처럼 그렇게 강력하지는 않아. 거의 없다고 봐도 무방할 정도로 그 양이 적어. 그런 데다 주로 방출되는 것은 〈피스 메이커〉 편에서 얘기한 X선이란다. 핀치를 가동시키면, 강력한 EMP가 발생한다는 건 거짓부렁이란 얘기지.

영화에선 핀치라는 기계를 이용하여 10초 동안 EMP를 발생시키잖아. 그 영향으로 MGM 카지노 레이저 보안 장비를 비롯한 라스베이거스 일대의 모든 전자 장비들이 10초 동안 정지했다가 다시 아무렇지도 않은 듯 작동을 하고…….

아까도 말했지만, 실제론 전혀 불가능한 얘기들이란다. 핀치를 가동해서 정말로 EMP가 발생했다면 전자 장비들은 모두 파손되어 무용지물이 될 테니까. EMP는 영화에서처럼 잠시 전원만 나가게 하는 넘이 아니기 때문에 이 장면은 뭐다? 그래, 거짓부렁!

▶▶재수 좋은 넘, 재수 없는 넘?

내가 뭔 죄를 지었다고 그래?

이 영화의 배경이 된 MGM 그랜드 호텔에서 실제로 일어난 일인데……. 억세게 운 좋은(?) 넘 하나를 소개해 줄게.

어느 날, 이 호텔 카지노에서 딜러로 일하던 넘 하나가 어떤 이유에서인지 해고를 당했어. 아, 카지노 딜러가 뭐냐고? 음, 손님들의 게임을 진행해 주는 사람을 말해.

해고 조치에 열받은 이넘은 MGM 카지노 칩을 훔쳐서 단단히 한몫 챙기리라 마음먹었지. 카지노 칩은 돈과 같은 가치를 가지거든. 간 큰 넘!

하여튼 며칠 밤을 새며 철저한 계획을 세운 뒤 드디어 실행에 옮기는 날, 복면을 하고 총을 든 채 MGM 카지노에 들어갔지.

이넘은 총으로 딜러들을 협박하여 몇 십만 달러어치의 칩을 훔친 다음, 경비원들의 제지를 소 닭 보듯 무시하며 대기시켜 놓은 차를 향해 냅다 뛰었단다. 여기까진 순풍에 돛 단 듯 쉬워 보였는데…….

아뿔싸! 한 가지 미처 생각지 못했던 게 있었지 뭐야. MGM 넓은 로비의 유리문 청소

하시는 분들 말야. 어쩌면 그리도 부지런한지……. 세상에, 손으로 만져 봐야 문이 열려 있는지 닫혀 있는지 알 수 있을 정도로 유리를 깨끗이 닦아 놓았던 거야.

이넘은 급한 마음에 로비의 유리문이 열려 있는 줄 알고 냅다 돌진했는데……. 쾅! 코에서는 피가 줄줄, 머리에서는 별이 총총! 그 바람에 훔친 칩은 로비에 낱낱이 흩어져 버리고 말았지.

바닥에 쓰러진 채 신음하고 있는 이넘을 제일 먼저 반겨 준 사람은 아까 자신이 소 닭 보듯 무시했던 경비원! 아이, 쪽팔려. 쥐구멍 어디 없나?

그 뒤 이넘은 어떻게 되었을까? 감옥행? 무기 징역? 오, 노! 천만의 말씀, 만만의 콩떡! 만일 이넘이 칩을 가지고 밖으로 나간 뒤에 경찰관에게 잡혔다면 은행 강도보다 더한 처벌을 받았을 테지만, 카지노 내에서 붙잡혔기 때문에 단순 장난으로 간주되어 경범 처리가 되었단다. 이런 건 재수가 있다고 해야 하는 거니, 없다고 해야 하는 거니?

소림 축구

Shaorin Soccer Shaorin Soccer Shaorin

인간이 만들어 낼 수 있는 가장 요상스런 슛?
— 베르누이 법칙과 마그누스 효과

마그누스 효과가 뭐야?
— 마그누스 효과와 공의 회전 방향

관련 단원
고등학교 과학 '힘과 에너지'

2002년 상반기에 우리를 아무 생각 없이 유쾌·상쾌·통쾌하게 웃도록 만들었던 영화. 이 영화에서 주연·감독 혼자 다 해먹은 주성치는 앳돼 보이는 얼굴과 달리, 벌써 나이가 마흔 줄에 접어들었단다.

영화의 줄거리는 이미 제목에서 다 감잡았겠지? 소림 무술을 배운 주성치가 함께 도 닦은 동네 형들과 축구 팀을 만들어서, 소림 무술의 우수성을 세계 만방에 알린다는 내용이야.

주성치는 물론, 동네 형들까지 소림 무공이 들입다 높은 관계로 별의별 말도 안 되는 슛들이 대거 등장하지. 축구공을 배때기로 감았다가 튕겨 내면서 슛을 쏜다든가, 브레이크 댄스의 기술 중 하나인 토마스를 응용하여 슛을 날린다든가, 하늘 높이 솟은 공을 엄청난 경공술로 날아올라가 상대 골대로 냅다 후린다든가……. 대개가 다 이런 유의 슛들이지.

실제로 축구 선수들이 이 영화에 등장하는 것과 같은 슛들을 경기 중에 정신없이 쏘아 댄다면 축구 경기가 얼마나 재미나겠어? 그러나 슬프게도 현실은 그렇지 않다는 것을 너희들이 더 잘 알잖니?

너희들이 소림 축구를 알아? 나, 주인공이자 감독……

인간이 만들어 낼 수 있는 가장 요상스런 슛?

그렇다고 꼭 영화 속에서만 그런 슛을 보란 법은 없지. 이 영화에서처럼 허황되진 않지만, 전 세계 축구 팬들을 깜짝 놀라게 했던 슛이 한 번 나온 적이 있긴 하단다.

축구에 관심 있는 넘들이라면 1997년 6월 프랑스에서 열렸던 4개국 초청 프레 월드컵을 기억할 거야. 그 가운데서도 브라질과 프랑스의 경기에서 브라질의 카를로스가 보여 주었던 '환상의 프리킥'은 정말 잊을 수 없지.

상대 골대로부터 약 37m쯤 떨어진 지점에서 얻은 프리킥을 브라질의 카를로스가 골로 연결시켰거든. 168cm의 키에다 70kg의 몸무게를 가진, 축구 선수치곤 작은 체격의 카를로스가 이렇듯 무시무시한 슛을 쏘리라고 누가 상상이나 했겠어?

카를로스의 왼발 바깥쪽 슈팅으로 시계 반대 방향으로 회전하던 축구공이, 프랑스 수비벽 쪽으로 10m 가량 직진하다가 (프랑스 수비벽을 지나는가 싶더니) 냅다 곡선으로 휘어 골문 안으로 쏘옥 빨려들어가 버린 거야.

얼마나 놀라운 슛이었던지, 미국의 CNN 방송은 스포츠 뉴스 시간에 이 장면을 세 번이나 반복해서 보여 주었단다. 당시 카를로스가 쏜 슛의 공인 속도는 무려 41.6m/s(150km/h)로서, 세계 최고의 슈팅 속도로 기록되었다지, 아마.

축구공이 회전할 때는 대개 처음부터 공이 회전 방향대로 휘어져서 진행을 하게 돼. 그런데 카를로스가 만들어 낸 '환상의 프리킥'은, 직선으로 날아가다가 약 10m를 지나서 갑자기 회전하는 묘기를 보여 준 거야.

어떻게 이런 놀라운 일이 벌어졌을까?

마그누스 효과가 뭐야?

사실 카를로스가 왼발로 찬 공은 그림처럼 약간 복잡한 공기 역학적 현상을 수반하며 나아갔어. 한마디로 정리하면, 카를로스가 축구공의 오른쪽 아래를 왼발 바깥쪽으로 힘껏 걷어찼기 때문에 공이 시계 반대 방향으로 회전하면서 날아가게 된 거야.

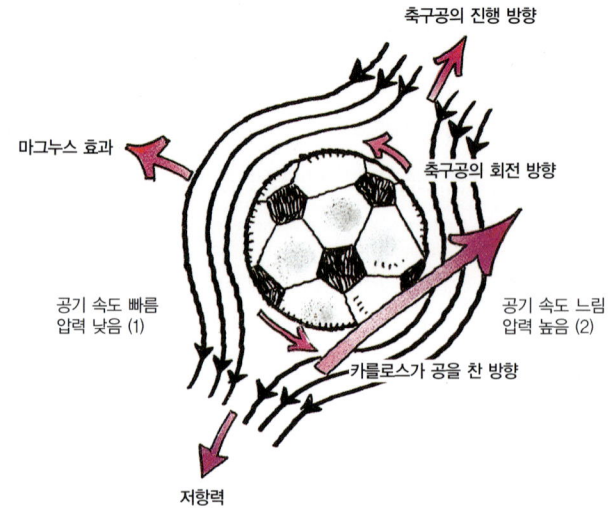

축구공의 진행 방향

마그누스 효과

축구공의 회전 방향

공기 속도 빠름
압력 낮음 (1)

공기 속도 느림
압력 높음 (2)

카를로스가 공을 찬 방향

저항력

화살표 참 많다. 눈 부릅떠, 부릅!

축구공이 회전하는 방향과 공기가 흐르는 방향이 같은 영역(1)에선 이 두 속도가 더해져서 공기의 흐름이 빨라지게 돼. '베르누이 법칙'에 따라 압력도 낮아지고……. 그에 비해 축구공의 회전 방향이 공기가 흐르는 방향과 다른 영역(2)에서는 두 속도가 상쇄되어 공기의 흐름이 느려진단다. 물론 압력은 높아지게 되지.

여기서 느닷없이 등장한 '베르누이 법칙'이 뭘 하는 넘인지 생각나니? 요점만 말하면, "유체(流體, 움직이고 있는 물체)의 한 점에서, 유체의 속도와 압력은 반비례한다."는 얘기야.

즉, 압력이 커지면 속도는 작아지고, 속도가 커지면 압력은 작아진다는……. 알아들었지? 다들 머리가 좋으니까 쉽게 이해했으리라 믿어. 아님, 다시 한 번 찬찬히 읽어 봐.

이렇게 축구공 주변에서 공기의 압력 차이가 생기게 되면, 공기는 압력이 높은 곳(2)에서 낮은 곳(1)으로 물체를 밀어낸단다. 이러한 현상을 '마그누스 효과'라고 해.

'마그누스 효과'를 쉽게 설명하면, "공의 회전 방향으로 공이 휘어져 진행한다."는 거야. 이 효과에 의해 카를로스가 찬 축구공은 프랑스 수비진을 지난 다음, 공의 회전 방향인 시계 반대 방향으로 휘었던 거야.

즉, '마그누스 효과'로 축구공이 휘는 현상은 충분히 설명이 가능하단 얘기지. 그런데 카를로스가 프리킥을 찼을 때, 프랑스 수비벽까지 약 10m 가량을 휘지 않고 일직선으로 날아간 현상은 어떻게 이해해야 할까?

결국 축구공의 속도가 문제였지

1976년 영국의 피터 비어맨과 그 떨거지들이 발견한 사실이 하나 있어.

공의 회전 수가 커지면 '마그누스 효과'는 커지게 되고,
공의 속도가 빨라지면 '마그누스 효과'는 감소하게 된다.

아, 놀라워라! 오묘한 축구공의 세계……. 이 오묘하고 신통방통한 사실을 카를로스의 '환상의 프리킥'에 적용해 보면, "축구공의 비행 속도가 빨라야 공의 회전 방향으로 휘는 힘을 적게 받는다." 뭐, 그런 얘기가 돼.

그렇다면 축구공이 얼마나 빨라야 '마그누스 효과'에 의해 휘지 않고 일직선으로 나아갈 수 있을까? 이 때의 빠르기는 축구공이 공중을 날아가다 보면 반드시 맞닥뜨리게 되는 공기의 저항력을 가장 적게 받을 때의 속도를 의미해. 상식적으로 생각해 봐도 축구공에 작용하는 저항력이 작아야 공의 속도가 빨라지지 않겠어?

공기 역학을 공부하는 사람들이, 축구공이 저항력을 가장 적게 받을 때의 속도를 다양한 실험과 복잡한 수식으로 머리카락 빠지게 계산해 봤다는구먼. 그 결과, 축구공의 속도가 적어도 36.5m/s(131km/h)는 넘어야 저항력을 적게 받아서 '마그누스 효과'에 굴하지 않고 꿋꿋이 나아갈 수 있다고 해. 대단한 넘들!

그러니까 카를로스가 쏜 '환상의 프리킥'은 '마그누스 효과'의 영향을 받지 않고 수비벽까지 직진해 갈 수 있었던 거야. 축구공의 속도 (41.6m/s(150km/h))가 위에서 살짝 언급한 속도인 36.5m/s (131km/h)보다 크기 때문이지. 열심히 날아가던 축구공의 힘이 딸려서 속도가 36.5m/s(131km/h) 이하로 떨어지게 되면 '마그누스 효과'에 의해 휘게 되는 거고…….

결국 축구공을 36.5m/s(131km/h) 이상 날려 버릴 수 있는 넘만이 이렇게 요상한 슛을 만들어 낼 수 있는 거야.

〈소림 축구〉에 등장하는 것처럼 엽기 발랄하며 깜찍하기 이를 데 없는 그런 슛은 아니지만, 1997년 카를로스가 보여 준 '환상의 프리킥'은 축

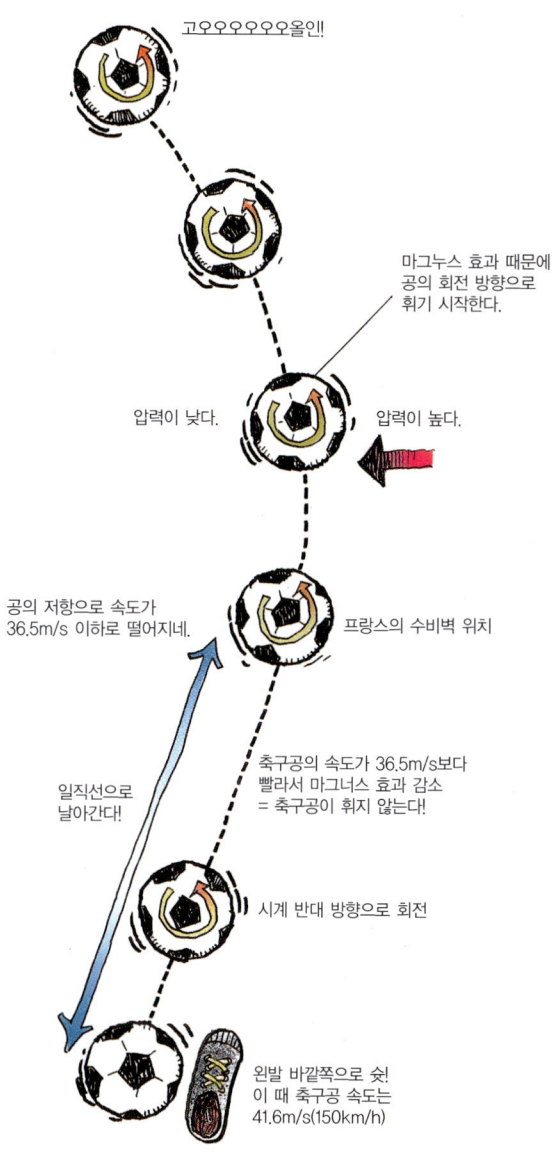

고오오오오오올인!

마그누스 효과 때문에 공의 회전 방향으로 휘기 시작한다.

압력이 낮다.

압력이 높다.

공의 저항으로 속도가 36.5m/s 이하로 떨어지네.

프랑스의 수비벽 위치

일직선으로 날아간다!

축구공의 속도가 36.5m/s보다 빨라서 마그너스 효과 감소 = 축구공이 휘지 않는다!

시계 반대 방향으로 회전

왼발 바깥쪽으로 슛! 이 때 축구공 속도는 41.6m/s(150km/h)

그림으로 보니깐 이해가 잘 되니?

구공의 속도 변화로 만들어 낸, 직선 더하기 곡선의 오묘한 비행 궤적을 가진, 제법 본때 나는 숫이었던 셈이지.

참고로 실전 경기에서 축구공을 36.5m/s(131km/h) 이상의 속도로 찰 수 있다고 평가받는 선수는 허벅지 둘레 80cm를 자랑하는 브라질의 카를로스, 잉글랜드(이젠 스페인)의 베컴, 세계 최고의 몸값을 자랑하는 포르투갈의 피구…… 이렇게 3명을 꼽을 수 있단다.

우리 나라에선 2002년 K리그 올스타전 캐논 숫 대회에서 이기형 선수가 131km/h 숫을 성공시켜서, 카를로스의 '환상의 프리킥'을 찰 수 있는 가능성을 보여 줬단다. 이기형 선수가 얼른얼른 연습해서 실제 경기에서도 환상의 프리킥을 보여 주기를 바라야지.

아, 마지막 보너스! 영화 〈파이란〉에서 주인공으로 나와 우리 나라와 홍콩 남성들의 가슴을 인정사정 없이 도려 냈던 홍콩 여배우 장백지가 이 영화에도 잠깐 등장해. 어떤 모습으로? 궁금하면 한번 봐. 이상 끄읕!

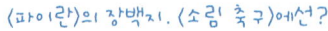

〈파이란〉의 장백지. 〈소림 축구〉에선?

▶▶명필가는 붓을 탓하지 않아도, 축구 선수는 축구화를 탓한다!

1954년 우리 나라가 처녀 출전해서 헝가리와 터키에 0:9과 0:7이라는 어이없는 점수 차로 참담하게 2패를 당했던 스위스 월드컵. 그 때 결승전에 진출한 서독 팀은 육상 선수처럼 축구화 밑면에 징(스터드)을 박은 희한한 축구화를 신고 나와서 팬들에게 첫선을 보였는데······.

그것의 위력이 얼마나 대단했는지, 세상에, 당시 세계 최강이었던 헝가리를 물리치고 줄리메 컵(초창기 월드컵 대회의 우승컵, 지금은 FIFA컵)을 차지해 버리고 말았지 뭐야. 축구화 하나 바꿨다고 월드컵에서 우승까지 했다니 너무나 신기한 일이지 않아?

이러한 결과는 축구화 밑에 박힌 징이 선수들의 미끄럼을 방지하고 순발력을 향상시켜서 경기력 향상에 열라 중차대한 도움을 주었기 때문에 생겨난 거야.

이 징은 선수의 포지션에 따라 그 개수가 달라진단다. 일반적으로 수비수는 6개, 공격수는 13개의 징이 박힌 축구화를 신지. 그런데 왜 공격수와 수

배컴의 축구화
(징 13개, 공격수용)

홍명보의 축구화
(징 6개, 수비수용)

비수의 축구화에 박힌 징의 수가 다를까? 징의 수가 적으면 선수의 체중이 징 하나하나에 분산되는 무게가 커지기 때문에, 징이 그라운드를 많이 파고들어 가게 돼.

그래서 징의 수가 많은 축구화보다 상대적으로 덜 미끄럽게 되지. 반대로 징의 수가 많으면, 징이 그라운드를 덜 파고들어 가서 더 빨리 달릴 수 있겠지?

수비수는 공격수를 따라다니다 90°로 몸을 틀거나 재빨리 뒤돌아서야 할 때가 많잖아. 그렇기 때문에 축구화 밑면에 박힌 징의 수를 줄여서 미끄럼을 방지한 것이지.

반면에 공격수는 수비수보다 스피드를 내야하는 일이 많은데, 축구화가 지면을 깊이 파고들어 가면 움직임이 둔해지기 때문에 징 수를 늘린 거고. 어때, 아주 간단한 원리지?

예전에는 징 모양이 원뿔처럼 생겼는데, 요즘엔 유선형을 하고 있단다. 그래야 그라운드를 잘 파고들어서 본의 아니게 미끄러지는 일이 줄어들거든.

게다가 최근에는 징과 그라운드의 접지력을 높이기 위해 선수 개개인의 움직임을 컴퓨터로 분석하여, 징의 형태와 배치를 재구성하는 경우가 많단다. 10년 전만 해도 한 짝에 350g 내외이던 축구화의 무게가 요즘엔 200g 밑으로 내려갔어. 이 덕에 축구 선수들은 40m를 0.17초 이상 빠르게 달릴 수가 있게 됐지.

달랑 축구공 하나로 경기를 벌이는 축구가 겉보기에는 매우 단순한 운동 같지만, 알고 보니 그렇지 않지?

마이너리티 리포트

ort Minority Report Minority Report Mi

나, 누구게?
— 홍채

미래의 자동차는 어떤 모습일까?
— 미래형 자동차

관련 단원
중학교 과학 2 '자극과 반응' | 고등학교 과학 '자극과 반응'

이 영화는 SF 소설의 대가로 알려진 필립 K. 딕의 소설 〈마이너리티 리포트〉를 원작으로 했어. 할리우드 최고의 흥행 감독인 스티븐 스필버그와 최고의 흥행 배우 톰 크루즈가 만나서 만든 화제작이야. 사람들은 두 사람을 일컬어 할리우드 최고의 흥행 찰떡궁합이라고 하지.

줄거리? 대충 알 테니까 간단히 소개해 줄게. 2054년 미국의 워싱턴, 이 곳의 경찰국은 미래에 일어날 범죄를 예지하여 사전에 범죄자를 구속하는 '프리크라임'이란 시스템을 도입했어. 그 덕분에 6년 동안 단 한 건의 살인 사건도 발생하지 않는 성과를 거두지.

프리크라임의 국장은 존 앤더튼이란 사람인데, 얘가 바로 톰 크루즈란다. 이넘은 미래의 범죄자 모습이 양면 거울처럼 생긴 곳에 영상으로 떠오르면, 이렇게 저렇게 단서를 포착해서 사건 발생 전에 미리 잡아들이곤 했지. 여기까진 좋았는데…….

대체 이게 무슨 변고일까? 어느 날 갑자기, 평소에 그렇듯 신봉해 마지않았던 프리크라임 시스템에 바로 자신의 모습이 나타난 거야. 미래

범인 나와라, 뚝딱!

대역 없이 하려니 되게 힘드네. 그래서 내 몸값이 좀 비싸.

의 범죄자로서 말이지. 이럴 수가, 허걱! 이럴 땐 별수 있니? 그냥 날라
야지.

　그래서 앤더튼은 졸지에 쫓기는 신세가 되고 말아. 그 담은? 다 가르
쳐 주면 재미 없잖아. 영화를 직접 보셔.

　이 영화를 감상할 때는 현란한 컴퓨터 그래픽을 이용한 특수 효과 외
에도 우리가 신경 써서 볼 게 있단다. 그것이 뭐냐면, 다름 아닌 주인공
톰 크루즈야. 톰 크루즈는 〈미션 임파서블 2〉에 이어 〈마이너리티 리포
트〉에서도 대역을 쓰지 않은 채 몸을 사리지 않는 살신성인의 연기를 보
여 주거든.

　〈미션 임파서블 2〉의 시작 부분인 절벽 장면에서 톰 크루즈가 깎아 세
운 듯한 암벽을 직접 타는 거 봤지? 그 장면에서 크루즈는 그 어떤 보호

장비나 대역 없이 맨손으로 매달린 채, 그 비싼 이두박근과 삼두박근을 맘껏 과시하잖니?

이 영화에서도 모든 장면을 대역 없이 직접 소화했단다. 그 중에서 가장 압권은 자신을 추격하는 경찰을 따돌리는 장면이야. 비행 장치를 등에 멘 프리크라임 경찰에게 매달린 채 천장을 뚫고 나가는가 하면, 그들에게 에워싸인 채 땅바닥에서 질질 끌려 다니기도 하지.

그렇기 때문에 카메라는 위험한 액션 장면에서도 과감히 톰 크루즈의 얼굴을 클로즈업할 수 있었지. 프리크라임 경찰들과 질펀하게 쌈박질하는 장면은 또 어떻고…… 생생함의 극치를 달리잖아.

만약 톰 크루즈가 자신과 비슷하게 생긴 사람을 골라 대역을 시켰다면, 카메라는 멀찍이서 뒤통수나 등짝만을 보여 준 채 관객들을 우롱했겠지. 관객을 위한 투철한 서비스 정신으로 무장한 톰 크루즈의 프로 정신에 박수 한번 쳐 주자꾸나. 짝짝짝!

"고생 많이 했다. 돈 많이 벌어서 꼭 부자 되길 바란다."

나, 누구게?

이 영화는 배경이 미래인지라 미래에 나올 법한 신기한 것들이 꽤 많이 등장해. 그 중에서도 관객의 눈길을 냅다 잡아끄는 것이 하나 있는데, 바로 홍채로 사람을 인식하는 시스템이야. 이쯤 되면 앞으로 내가 무엇을 얘기할 것인지도 딱 감이 잡히지? 눈치도 빠르셔.

음, 너희들이 이미 짐작했다시피 여기에선 홍채 인식에 관해 이야기를 하려 해. 먼저 홍채 인식이 뭔지를 알려 줘야 할 텐데, 어떻게 설명하는

열심히 일한 톰 크루즈, 떠나라!

것이 좋을까?

아, 너희들 집에 들어갈 때 문이 잠겨 있으면 열쇠로 열지? 올챙이처럼 둥그런 머리에 길쭉한 막대기가 달린……. 그런데 그렇게 생긴 열쇠 외에도 잠금 장치는 꽤 여러 가지가 있단다. 비밀 번호를 입력해서 여는 것도 있고, 또 지문을 사용하는 것도 있고…….

홍채 인식도 그 중의 하나야. 이를테면 비밀 번호나 지문 대신 사람의 홍채를 인식해서 문을 열어 주는 장치인 셈이지. 이 영화에서는 미래 사회에서나 사용될 것처럼 그리고 있지만, 사실은 연구소나 은행 등에서는 이미 이 홍채 인식을 이용한 보안 시스템을 사용하고 있단다.

물론 영화 속 미래 사회에는 보안 시스템 정도에 머무르지 않고, 훨씬 더 다양한 분야에 적용되고 있지만 말야. 이 영화를 보면 사람의 눈빛 하나로 신분이 적나라하게 드러나잖니? 또 광고에도 홍채 인식 방법이 사용되고 있고…….

현재 홍채 인식에 관한 기술을 개발하고 있는 모 업체에서도 광고에 이

기술을 활용하는 것은 퍽 흥미로운 아이디어라고 평가한 적 있단다.

이 영화에서 놀라운 점은, 홍채 인식이 순식간에 이루어진다는 것이지. 아주 먼 곳에 있거나 움직이고 있는 사람의 눈동자까지 '눈 깜짝할 사이'에 잡아내서 신원을 파악하잖아. 과연 꿈의 기술이라 아니할 수 없어, 그지? 나도 모르는 사이에 나의 정체(?)가 홀라당 까발겨질 수도 있다는 사실이 다소 섬뜩하긴 하지만 말야.

현재의 기술로는 홍채를 인식하는 데 대략 2초 정도 걸리고, 또 30cm 이내의 거리에서만 가능하다고 해. 거리가 멀면 홍채 인식이 어려워진다는 얘기지. 기술 개발을 꾸준히 하다 보면, 영화에서처럼 다양한 분야에서 이 기술을 활용하는 날이 찾아올 거야.

졸지에 도망자가 되어 버린 앤더튼은 이 홍채 인식 시스템 때문에 밖으로 나돌아다닐 수가 없게 돼. 결국 돌팔이 의사를 찾아가서 자신의 눈 대신 다른 사람의 눈을 이식받는단다. 아마도 일본 사람의 눈이었던 것 같아.

너, 돌팔이 의사 맞지?

이 수술 덕택에 자유로이 외출할 수 있게 된 앤더튼은, 자신의 결백을 입증하기 위해 다시 프리크라임 건물로 들어가. 홍채 인식 보안 시스템은 수술로 뽑아 둔(?) 자신의 본래 눈을 이용해서 아주 가볍얍게 통과해.

그런데 바로 이게 문제야. 생각할수록 한심하기 그지없는 아이디어지 뭐니? 턱이 허거덕 하고 빠질 정도라니까. 왜 그러는 거냐고? 먼저 홍채가 무엇인지부터 알아보자.

홍채는 우리 눈에서 각막의 바로 안쪽에 있는 갈색 막이야. 물론 인종에 따라 색깔은 약간의 차이가 있지. 우리 눈에서 홍채는 어떤 역할을 하느냐고? 음, 눈으로 들어오는 빛의 양을 조절해.

이왕 하는 거, 각막과 동공·수정체·망막 등에 대해서도 알아보도록 하자. 각막은 눈의 맨 앞쪽에 위치해 있는 투명한 막으로, 공기 중에서 직접 산소를 공급받아. 콘택트 렌즈를 사용하는 사람들은 바로 이 위에다 렌즈를 올리게 되지.

동공은 홍채의 중심 부위에 보이는 검은 동자를 말해. 빛의 양이 많아지면, 홍채가 동공의 크기가 작아지도록 조절하지. 또 빛의 양이 적은 어

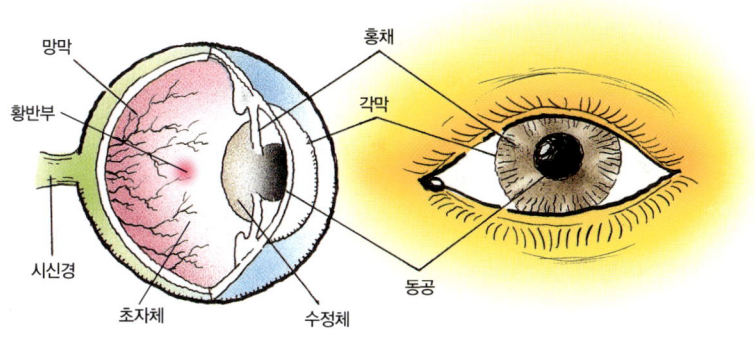

우리 눈의 구조란다.

두운 곳에서는 동공의 크기가 커지게끔 하고…….

수정체는 홍채 다음에 있는 투명한 볼록 렌즈야. 망막에 정확하게 상이 맺히도록 하는 기능을 해.

마지막으로 망막은 카메라의 필름과 같은 기능을 한단다. 안구의 가장 뒤쪽에 있지. 여기에 맺힌 물체의 상을 시신경이란 넘이 대뇌로 보내는 거야. 우리 눈의 구조도 알고 보니 꽤 복잡하지?

그렇더라도 이 글의 주인공이 홍채인 만큼 이넘에 대해 좀더 자세히 알아보자. 홍채는 특정한 무늬를 갖고 있는데, 그 모양은 출생 후 약 18개월간에 걸쳐서 형성이 된다고 해. 3세 이전에 모두 완성된다는 얘기지. 또한 홍채는 눈꺼풀과 망막으로 보호되기 때문에 다치지 않는 한 그 형태가 평생토록 변함없이 유지된대.

사람의 홍채는 266개의 특징을 갖고 있어서, 홍채 무늬의 세부 구조를 파고들어가 보면 아주 다양하단다. 이 때문에 다른 사람이 같은 무늬의 홍채를 갖는 일은 거의 불가능하다고 해.

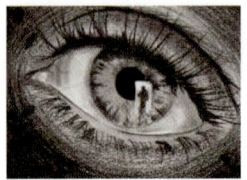
홍채의 무늬가 보이니?

홍채 인식 보안 시스템은 결국 사람마다 고유하게 가지고 있는 홍채 무늬의 형태를 판별함으로써 본인인지 아닌지를 식별하는 기술이야.

이 홍채 인식 보안 시스템이 더욱 놀라운 것은, 인식할 홍채가 살아 있는 사람의 것인지 아닌지도 판별해 낸다는 사실이야. 살아 있는 홍채만 인식할 수 있도록 만들어졌거든. 정밀하게 찍은 홍채 사진을 가지고, 이 보안 시스템을 통과하는 일이 없도록 하기 위해서지.

홍채가 살아 있는 것인지 아닌지를 확인하는 과정은 크게 두 가지로

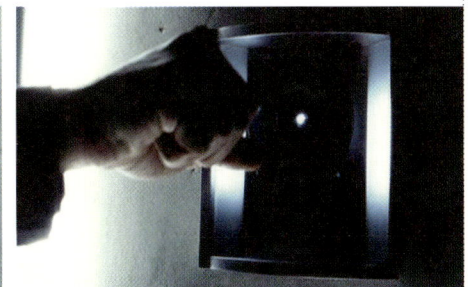

앤더튼, 그렇게 해 갖곤 문 안 열려!

나눌 수 있단다. 첫 번째는 눈꺼풀이 깜박이는지 아닌지를 확인하는 거야. 살아 있는 사람의 눈이라면 당연히 눈꺼풀이 깜빡거리겠지? 두 번째는 빛에 따라 홍채가 확대되고 축소되는지를 살피는 거란다.

아까 위에서 홍채의 역할을 얘기해 줬지? 빛의 양을 조절하는 넘이라고. 홍채 인식 보안 시스템은 바로 이 원리를 이용한 거지.

홍채 인식 보안 시스템이 뭔지는 이제 대충 감잡았으니 다시 영화로 돌아가 볼까? 음, 아까 하던 얘기를 다시 해 보자. 앤더튼이 홍채 인식 보안 장치를 통과하는 대목 말이야.

지금까지 얘기한 대로라면, 앤더튼이 수술을 통해서 뽑아 둔(?) 자신의 본래 눈을 이용해서 홍채 인식 보안 시스템을 통과하기는 어렵다고 볼 수밖에 없겠지?

조금 전에 홍채 인식 보안 시스템은 살아 있는 홍채만 인식한다고 그랬잖아. 사람의 눈을 수술해서 뽑아내고 나면, 시신경이 끊어지고 동공이 확대되어 홍채는 그 기능을 상실하고 말아. 그렇게 되면 홍채 인식 보안 시스템이 홍채를 인식하는 것은 불가능하지. 시도는 좋았는데, 홍채 인식 보안 시스템을 너무 과소 평가한 게 흠이군.

미래의 자동차는 과연 어떤 모습일까?

　이 영화에 등장하는 자기 부상 시스템을 이용한 미래형 자동차는 모두 스필버그 감독의 상상에서 나온 거란다. 자기 부상 시스템의 원리는 뒤에 나오는 〈이레이저〉에서 설명하게 될 거야. 궁금하더라도 조금만 참으셔.

　이 영화를 만든 스필버그 감독은 2054년쯤 되면 교통 혼잡이 꼭 사라져야 한다고 생각했나 봐. 그 땐 자기 부상 시스템을 이용해서 만든 자동차들이 길에서만 움직이는 것이 아니라, 빌딩이든 어디든 마구 올라갔다 내려갔다 할 수 있으리라고 상상한 거지.

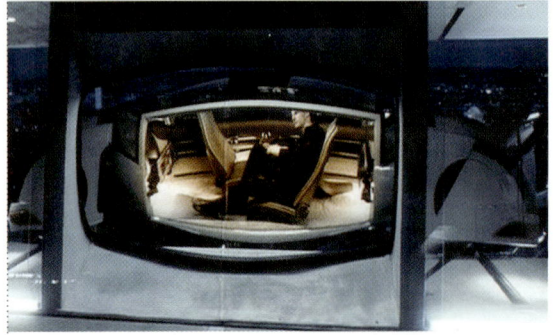

신기한 자동차지? 벽을 타기도 하고 집에 턱하니 붙기도 하고······.

　재미있는 상상이라고 봐. 실현할 수만 있다면 말야. 그런데 자동차들이 모두 스파이더맨으로 변신하지 않는 한 어렵지 않을까?

　이참에, 스필버그 감독이 만든 주차장 좀 볼래? 입이 쩍 벌어지지 않을 수가 없다니까. 자동차 문과 집 창문이 서로 결합돼 있거든. 그래서 자동차 문을 열면 바로 마루가 나타나고, 방문을 열면 곧바로 운전석이 나오게 돼.

　이렇게 될 수만 있다면 주차 공간도 절약되고, 또 서로 먼저 주차하겠다고 이웃끼리 얼굴 붉히면서 싸울 필요도 없고……. 정말이지 여러 모로 편리하겠다, 그지?

　지금으로 봐선 스필버그 감독의 상상이 좀 황당무계하게 느껴질 수도 있겠지만, 미래형 자동차에 대한 나름대로의 기대감이 있기 때문에 이런 식의 상상도 해 본 거라고 생각해. 그리고 이러한 상상력을 밑그림으로 해서, 한 단계 더 업그레이드된 제품들이 출시될 수 있는 거고…….

　말이 나온 김에 미래엔 어떤 자동차가 나오는지 한번 살펴보도록 하자. 미래에는 정보 통신 기술이 자동차에 속속들이 적용되면서 자동차가 수송 수단의 기능을 넘어 일종의 의사 소통 도구가 될 거야. 쉽게 말해서 자동차가 움직이는 컴퓨터가 되는 셈이지.

　예를 들어 자동차끼리 네트워크를 이루어서, 자기 차 안에 앉아서 다른 차에 타고 있는 친구랑 〈스타크래프트 배틀넷〉을 즐길 수도 있어. 또 뉴

이 영화에 등장한 미래형 자동차. 사실은 일본 차란다.

스를 비롯한 각종 정보를 맞춤형으로 들을 수도 있고, 목소리만으로 인터넷 서핑을 할 수도 있겠지.

그것뿐이겠니? 자동차의 무선 인터넷은 뉴스나 날씨·주식·스포츠·이벤트 등의 관련 정보를 그때 그때 운전자에게 재빨리 제공해 줄 거야.

그리고 야간 조명이 지금보다 한층 더 강화되어 야간 운전의 안전성이 더 높아지겠지. 또 GPS 위성을 통한 항법 시스템이 지금보다 더 정교하게 개발되어 운전자가 직접 운전을 하지 않아도 교통 체증 없는 길을 자동차 혼자 찾아서 목표 지점까지 무사히 데려다 주기도 하고…….

간단해 보이지만 있을 건 다 있단다.

미래형 자동차는 차량 도난을 방지하기 위해 운전자의 DNA를 식별하여 자동차 주인에게만 승차와 시동을 허용하게 될 거라는 예측도 있어.

주행 중 돌발적인 사고가 발생하려 할 때도 미리 경고를 해 줘서 방지하도록 하고, 또 후방 시야 제공 카메라가 음성으로 친절히 주차장 안내도 해 주고……. 차체는 형상 기억 합금으로 만들어져 뜻하지 않은 일로 자동차 모양이 바뀌더라도 깔끔하게 복원되겠지.

아울러 실내 조명도 날씨에 따라, 또 운전자의 기분에 따라 수시로 바뀔 거야. 태양빛으로 차체의 유리 색깔을 자동으로 변화시키도록 하면 되니까. 타이어의 표면도 주행하는 도로 상태에 따라 달라지게 할 수 있

허황된 상상이라고? 천만에, 지금 다 있는 것들이잖아.

고……. 와, 생각만 해도 근사하지 않니?

지금으로부터 한 50년쯤 흐르면 이런 자동차가 상용화될 수 있을까? 미래의 자동차는 스스로 움직일 테니까, 비싼 돈 들여서 굳이 운전 면허증을 따려고 버둥거릴 필요도 없겠구나.

참, 위의 그림이 무엇을 그린 건 줄 아니? 1908년에 어떤 화가가 1백 년 뒤의 교통 수단을 상상해서 그린 그림이야. 재미있지 않니? 공중에 거꾸로 매달린 철로에다 풍선을 매달고 공중을 나는 자전거, 그리고 하늘 위로 붕붕 떠오르는 열기구…….

지금 보면 이 화가의 상상력이 우습게 느껴질지도 모르지만, 생각해 보면 대부분 비슷한 모습으로 현실화가 되었단다. 어느덧 대형 비행기가 하늘을 날아다니는 세상이 되었지. 하늘에 거꾸로 매달린 철도도 놀이 공원에 가면 심심찮게 볼 수 있잖아. 모노레일이라고 하는…….

현재 이 모노레일을 교통 수단으로 사용하고 있는 나라들도 있단다. 이웃에 있는 일본도 그렇고, 또 우리 나라도 새로운 교통 수단으로 모노레일을 검토하고 있다는 소문이 있어.

그래서 사람의 상상력을 무작정 우습게만 보면 안 된다는 얘기야. 상상력은 미래를 이루는 힘이거든. 그러니까 너희들도 이 책을 읽으면서 상상의 나래를 마음껏 펴 보셔!

▶▶영화에 등장하는 비살상 무기들

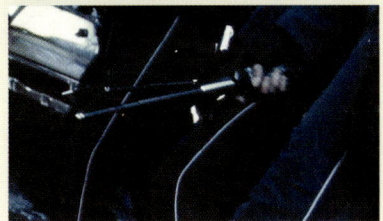

충격파 총(위)과 구토봉(아래)

이 영화는 배경이 미래이다 보니까, 여러 가지 볼거리가 꽤 많이 등장해. 그 중 가장 눈길을 끄는 것은 경찰이 사용하는 비살상 무기지.

영화에 등장하는 비살상 무기는 크게 두 종류야. 첫 번째는 대인 제압용 '충격파 총'인데, 이것에 맞으면 사람이 '부웅' 하고 날아가 버리지.

두 번째는 구토를 일으키는 '구토봉'이란 것이야. 이것이 몸에 닿으면 어젯밤에 먹은 야식부터 조금 전에 먹은 주전부리까지 그 내용물들을 고스란히 확인하게 되지. 아무튼 얘한테 한 대 맞으면 이미 도망가긴 틀렸다고 봐야 해.

이런 비살상 무기들은 이 영화에서처럼 미래에나 등장할 것이 아니라, 지금도 부분적

으로 사용되고 있단다. 어떤 것은 연구 중인 것도 있고……. 에, 어떤 것들이 연구 중에 있냐고?

먼저 '초저주파 음파 발생 장치'라는 것을 들 수 있어. 이것은 빛과 함께 열을 발사하게끔 돼 있단다.

이것에 맞으면 화상을 입지는 않지만, 마치 엄청난 화상을 입은 듯한 착각에 빠지게 만들어서 극도의 고통을 유발시키지.

또 '악취탄'은 시체 썩는 냄새를 퍼뜨려서, 그것을 들이마신 사람이 구토를 하고 동시에 죽음에 대한 공포를 느끼게 해.

이 외에도 강력한 접착력으로 사람 몸에 달라붙어서 상당 기간 움직일 수 없게 하는 '거미줄탄'이 개발 중에 있어.

그리고 '열총'은 강력한 열과 섬광을 발사해서, 목표물이나 그 주변 물기를 모두 제거함으로써 목표물에게 고통을 주지. 게다가 폭발음도 무지 크고…….

언뜻 보기에 이러한 비살상 무기들이 인명을 해치지 않기 때문에 좋을 것 같지만, 전쟁 상황이 아닌 평소에 사회적 통제를 목적으로 자주 사용된다면 문제가 심각할 거야. 이러한 무기들로 인해 인권이 무시될 가능성이 아주 크거든.

사람이 안 다친다는 이유로 꼭 필요한 경우가 아닌데도 마구마구 사용할 수 있잖니? 그래서 인권 단체들은 이러한 비살상 무기의 연구와 개발을 극렬히 반대하고 있는 거란다.

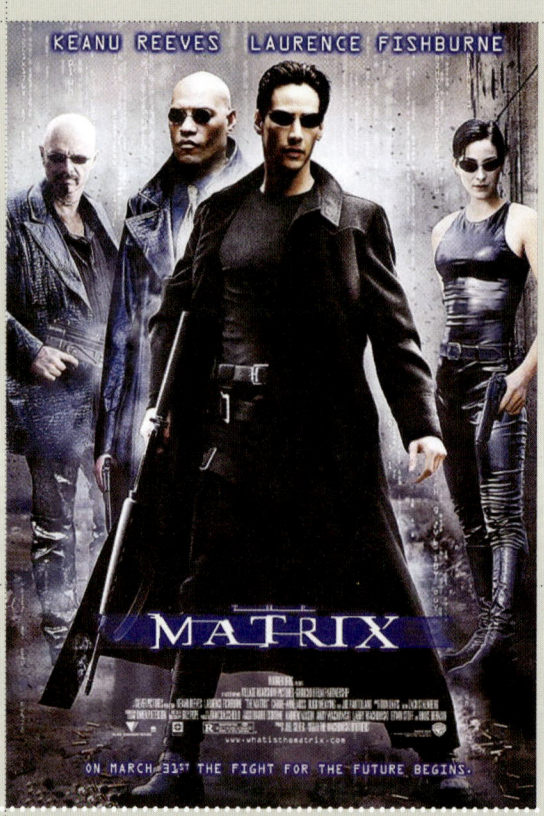

매트릭스

애들아, 영화 다 끝났다!
— 태양 복사 에너지

3개월 2주 37분?
— 열량

지구 중심부에 인간이 거주하는 도시가 있다고?
— 맨틀과 핵

알다시피, 이 영화는 막대한 제작비와 환상적인 특수 효과를 사용해서 컴퓨터가 지배하는 가상 세계와 이에 맞서는 인간의 대결을 그린 SF 액션물이란다. 아카데미 영화제에서 편집·음향·음향 효과 편집·시각 효과 등 기술 분야 4개 부문의 상을 수상했지.

이 영화의 공동 감독인 워쇼스키 형제는 일본 애니메이션과 SF 만화, 그리고 홍콩 영화에 푸욱 담겨졌던 세대이기 때문에 이들이 만든 영화도 일본 또는 홍콩스러워질 수밖에 없어.

그래서 감독 자신이 스스로 참고했다고 인정한 일본 SF 애니메이션 〈공각기동대〉 분위기와 홍콩 느와르 식 무차별 난사 총격전, 바바리코트로 상징되는 주윤발 패션이 이 영화의 주요 컨셉지.

그래서 이 영화를, 일본 SF 애니메이션과 홍콩 영화에다 각종 특수 효과를 짜깁기해서 만든 단순 B급 SF물이라고 하는 사람들도 있어. 순전히 보는 사람 맘이지, 뭐. 알아서들 판단하셔. 줄거리는 나중에 소개

우리가 무슨 슈퍼맨이라도 되는 줄 아냐? 날아다니게?

감독이 아이디어를 빌려 온 〈공각기동대〉(왼쪽)와 주윤발의 쌍권총 장면(오른쪽)

할게.

무엇보다 이 영화엔 멋진 장면들이 아주 많이 등장한단다. 앞에 나온 사진처럼 비밀 요원 스미스와 네오가 공중에서 싸우는 장면, 네오가 총알을 피하는 장면 등등……. 이런 장면들이 모두 특수 효과 때문에 가능했던 건 알지?

이 촬영 기법을 좀 전문적인 영화 용어론 '플로우모(Flow-Mo)'라고 해. 주로 액션 신을 촬영할 때 애용되는 기법이야.

컴퓨터로 조정하는 120대의 카메라를 촬영 대상 주위에 360°로 빙 둘러 세워 놓고 찍는 초고속 촬영 방식이야. TV 드라마에서도 남녀 주인공의 키스 신을 찍을 때 즐겨 사용되잖아.

카메라 한 대가 1초에 100프레임씩 찍는다는군. 전체적으로는 1초에 12,000프레임을 찍는 셈이지. 이렇게 각각의 각도에서 찍은 순간 영상을 컴퓨터로 합성해서, 마치 동작이 정지된 상황에서 카메라가 그 주변을 빙 돌아가는 듯한 느낌이 나게 하는 거지. 이 특수 촬영에만 2천만 달러가 들었다고 해.

네오가 총알을 피하는 장면은 이렇게 찍은겨.

얘들아, 영화 다 끝났다!

이 영화는 워낙 현실과 가상 현실 사이를 왔다갔다해서 영화 내용이 이해가 잘 안 될 수도 있어. 그래서 내가 번호 매겨 가면서 정리를 쫘악 해 놨지.

◀〈매트릭스〉의 줄거리를 알려 주마!▶

1. 21세기 초, 드디어 인류는 '인공 지능 컴퓨터'를 탄생시킨단다. 근데 이넘이 생존 본능에 따라 인류와 전쟁을 벌이지.
2. 인간들은 당시 인공 지능 컴퓨터의 전력원인 태양을 인공적으로 차단하여 컴퓨터의 작동을 중단시켜. 그러나 인공 지능 컴퓨터는 어렵지 않게 대체 동력원을 찾아내는 데, 바로 인간들이야.
3. 인공 지능 컴퓨터가 배양하는 인간들이 인공 지능 컴퓨터의 동력원이 된단다. 배양 되다가 죽은 인간들은 액화되어 살아 있는 다른 인간들의 영양분으로 재활용되지.
4. 이러한 에너지 시스템을 유지하기 위해 인공 지능 컴퓨터는 인간들이 깨어나서 현실

을 인식하지 못하도록 계속 잠을 재워야만 해. 그래서 탄생한 것이 바로 가상 현실인 '매트릭스'란다.

　근데 2번 내용이 좀 이상하지 않냐? 인공 지능 컴퓨터를 멈추기 위해 그 동력원인 태양을 차단한다고? 지구로 들어오는 태양을 차단하면 얼마나 무시무시한 일이 일어나는지 아니? 어떤 일이 벌어지는지 한번 볼까?
　지구는 태양으로부터 1년 내내 '태양 복사 에너지'를 받아. 에잉, 태양 복사 에너지가 뭐냐고? 그건 말이지. 열의 전달 방법 가운데 하나야.
　'복사(輻射)'라는 말은 사진이나 문서를 복사기에서 똑같이 찍어 낸다

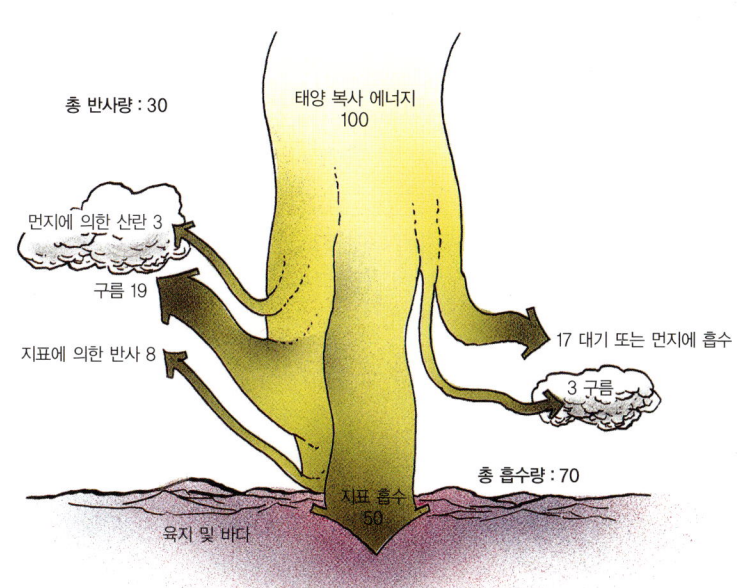

총 반사량 : 30

태양 복사 에너지
100

먼지에 의한 산란 3

구름 19

17 대기 또는 먼지에 흡수

지표에 의한 반사 8

3 구름

총 흡수량 : 70

지표 흡수
50

육지 및 바다

태양에서 100만큼의 복사 에너지가 지구로 오면, 70은 지구가 먹고 30은 반사된다는 얘기야.

는 뜻이 아니고, 열이나 빛 따위를 사방으로 내쏟는다는 뜻이야.

말하자면 태양 복사 에너지는 태양으로부터 직접 뿜어져 나오는(복사) 에너지를 말하는 거지. 우리가 잘 아는 가시광선이나 자외선, 적외선 X선 등이 모두 여기에 속해. 태양이 매초 복사하는 엄청난 에너지 중에서 지구에 도달하는 것은 20억 분의 1 정도란다.

이렇게 1년 365일 지구에 쏟아지는 태양 복사 에너지는 모든 생명체의 근원이 되고 있어. 왜 그러느냐고? 만일 태양이 없다면 어떻게 되겠니? 세상이 캄캄해질 뿐 아니라 무지무지 추워지겠지?

일단 식물들이 광합성을 하지 못하기 때문에 자라지도 못하고 죽어 버릴 거야. 그러면 동물들도 먹지 못해 굶어 죽을 거고, 결국엔 인간도 살수 없을 거야. 좀 유식한 말로 생태계의 먹이 사슬이 깨지는 거지. 어때, 진짜 '죽이는' 이야기 아니니?

결국 인간이 인공 지능 컴퓨터의 동력원인 태양을 인위적으로 막는다는 것은 말이 안 된다는 얘기지. 어떻게 막는지도 궁금하지만, 그게 가능

태양이 없으면 인공 지능 컴퓨터도 존재할 수 없어.

하다 치더라도 태양이 없는데 무슨 수로 식물들이 광합성을 할 수 있겠니? 식물이 죽어나는데 식물을 먹고 사는 초식 동물과 그 초식 동물을 먹고 사는 육식 동물들은 또 어떻게 살아갈 수 있을지 참 궁금한걸.

그리고 먹이 사슬의 맨 꼭대기에 있는 우리 인간은 별수 있어? 먹을 게 없는데……. 그럼 인간을 동력원으로 삼는다는 인공 지능 컴퓨터는? 여기서 영화 끄읕!

인간이 지구로 들어오는 태양 복사 에너지를 막아 버리면 인간이고 인공 지능 컴퓨터고 다 죽는 거야. 인간이 만물의 영장이라고 해서 뭔가 뾰족한 수가 있을 것 같지만, 태양의 복사 에너지가 없으면 아무것도 하지 못해. 목숨조차 위태로운 지경에 빠지잖아. 태양 복사 에너지를 너무 띄엄띄엄 보지 마셔.

3개월 2주 37분?

그래, 여기까지는 감독이 학교 다닐 때 과학 시간에 잠시 졸아서 그렇게 된 거라고 맘 착한 우리가 이해하자. 그렇담 인간이 만들어 내는 열을 인공 지능 컴퓨터의 동력원으로 사용하는 것은 가능할까?

아니라고 할 줄 알았지? 사실은 가능해. 열은 전기 에너지로 전환될 수 있으니까. 예를 들자면 화력 발전소에서는 석탄이나 석유를 가열한 뒤 보일러에서 물을 끓이잖아. 그러면 당연히 수증기가 생기겠지?

이 수증기의 힘으로 터빈을 돌리고, 터빈은 발전기를 돌려서 전기 에너지를 얻을 수 있어. 열이 에너지로 바뀌는 거지. 열의 양을 열량이라고 하고, 단위는 cal와 kcal를 사용한단다.

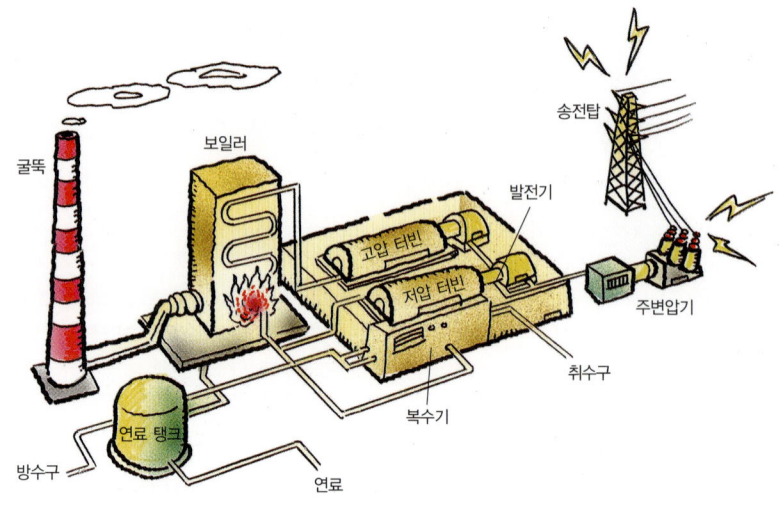

화력 발전소의 원리. 열을 전기 에너지로 바꾸는 전형적인 과정

그러므로 인간이 내는 열을 인공 지능 컴퓨터가 전기 에너지로 바꾸어 동력원으로 쓸 수는 있어. 크크큭, 괜히 인공 지능 컴퓨터라고 하겠니?

그런데 문제가 뭐냐면, 이 영화의 설정처럼 살아 있는 인간에게서 나오는 에너지를 '매트릭스'와 현실 세계를 유지하는 데 사용하고, 죽은 사람을 액화시켜서 산 사람의 동력원으로 쓴다는 거야. 실제로 그렇게 한다면 인공 지능 컴퓨터의 수명은 길어야 3개월 정도일걸.

미래의 인구와 인구 증가율

영화의 배경인 2199년엔 인구가 100억 명이라 가정해 보자. 왜냐고? 음, 2002년 통계청 자료에 의하면, 세계 인구는 1초에 4명이 태어나고, 1.7명이 사망한대. 이것을 하루 24시간으로 환산해 보면, 매일 35만 명의 신생아가 태어나고 15만 명이 사망하는 셈이 돼. 물론 출산율 저하로 인구 성장률이 갈수록 둔화되긴 하겠지만, 그것까지 감안하면 계산이 너무 복잡하니까 이 정도로 하자.

인간은 얼마큼의 열량을 발생시킬 수 있을까?

누구처럼 키 179cm에 몸무게 45kg으로 군 면제를 받는 그런 특이한 경우는 제외하도록 하자. 신체적으로 멀쩡한 성인이 하루에 2,400kcal를 섭취한다고 치면, 섭취한 열량의 60%인 1,440kcal의 열량을 몸 밖으로 발산시킬 수 있어.

그럼 100억 명의 미래 인구가 만들어 낼 에너지는 얼마나 될까? 영화의 배경인 2199년의 인구를 100억 명이라고 가정해 보면, 이 인구가 발산하는 열량으로 1년 간 만들 수 있는 전기 에너지는 얼마쯤 될까?

열심히 계산을 해 봤더니, 2004년 현재 전 세계 발전량의 16%를 차지하고 있는, 원자력 발전소의 1년 간 발전 용량과 거의 비슷하단다. 생각보다 꽤 많은 양이다, 그지? 이러한 결과를 두고, 기뻐해야 할지 슬퍼해야 할지는 나도 알 수 없지만.

한 사람이 죽어서 발생하는 열량은?

체중이 60kg인 성인의 몸에 비축된 열량은 대략 85,500kcal 정도라고 해. 그렇다면 85,500kcal÷1,440kcal이니까, 한 사람이 죽으면 약 60명이 하룻동안 쓸 열량이 발생하는 거야. 꼭 기억해 둬. 1명 죽으면 60명이 산다!

가동 첫날부터 35일째까지의 인구 및 열량의 변화는?

대체 동력원 가동 첫날, 35만 명이 태어나고 15만 명이 사망하겠지?

그럼 15만 명이 사망해서 생기는 열량은 15만 명×60＝900만 명분이야. 애걔, 겨우? 이걸로 기존 인구 100억 명과 35만 명의 신생아를 어떻게 다 먹여 살리나?

인공 지능 컴퓨터가 아무리 용쓰는 재주가 있어도 900만÷100억 하면 결국 한 사람에게 돌아가는 열량은 겨우 0.0009kcal. 거의 열량 공급이 없다고 보면 맞아.

날짜	인구 변화			열량 변화	
	기존 인구	출생	사망	사망시 발생하는 열량 =인간이 섭취할 열량	기존 인구 때문에 발생하는 열량
1일	100억 명	35만 명	15만 명	15만×60＝ 900만 명분	기존 인구가 매일 발생시키는 에너지는 현실과 매트릭스 유지에 모두 사용 (영화 설정)
⋮	⋮	⋮	⋮	⋮	
35일	99억 9,475만 명	35만 명×35일 = 1,225만 명	15만×35일 = 525만 명	⋮	

인간은 물 없이 5일, 물만 있고 음식물 없는 상태에서는 최대 5주, 즉 35일 간은 견딜 수 있다고 해. 인공 지능 컴퓨터가 열량 분배를 잘 해서 (사실 열량도 없지만) 배양하는 인간을 35일 동안 살릴 수 있다고 하자. 그러면 35일 간은 별 탈 없이(?) 인공 지능 컴퓨터가 유지될 수 있을 거야. 그런데……

가동 36일째부터 104일째까지의 인구 및 열량 변화는?

대체 동력원 가동 35일째까지는 기존 인구인 99억 9,475만 명의 인간과 1,225만 명의 신생아가 살았는데, 그 담부터가 문제지.

36일째부턴 기존 인구는 모두 영양 실조로 사망하고, 35일 간 태어난

1,225만 명의 신생아가 매트릭스의 대체 동력원이 되는 거야. 아기들이 말야!

대체 동력원 가동 36일째부터는 1,225만 명의 신생아만 살아 있겠지.

설상가상으로 36일째부터는 자연 사망이 없으니 죽은 사람을 액화해서 발생시키는 열량도 없어져서, 신생아들이 재배(?)되는 데 필요한 열량을 얻을 수도 없게 되지.

여기서 "어? 기존 인구 99억 9,475만 명이 죽어서 생긴 60×99억 9,475만 명분의 에너지는?"이라고 묻는 넘들이 있겠지. 알고 있단다. 성질도 참 급해서.

아마도 인공 지능 컴퓨터는 이 에너지를 100억 명의 인구가 사망하기 직전인 35일 전과 다름없이 현실 세계와 매트릭스를 유지하는 데 사용할 거야. 신생아를 키우면서 말이야.

왜냐 하면 매트릭스와 현실 세계는 연결되어 있기 때문에, 36일째에 현실 세계의 99억 9,475만 명의 인간이 죽게 되면 가상 현실인 매트릭스에 살고 있는 99억 9,475만 명도 갑자기 죽고 말 테니까.

　　그렇게 되면 네오처럼 인공 지능 컴퓨터와 싸우고 있는 애들은 이상한 낌새를 알아차리고 총공세를 펴겠지? 머릿수에서 밀리는 인공 지능 컴퓨터는 결국 인간에게 질 거고…….

　　그래서 인공 지능 컴퓨터는 매트릭스와 현실 세계를 유지하기 위해, 기존 인구가 영양 실조로 죽기 전이나 후나 똑같은 상태로 60×99억 9,475만 명분의 에너지를 60등분할 수밖에 없어. 물론 신생아가 만들어 내는 에너지도 함께 사용하겠지. 그래서 36일째로부터 이후 60일 동안, 그러니까 96일째까지는 인공 지능 컴퓨터가 어거지로 유지된다 이 얘기지.

　　그러다가 97일째가 되면 인공 지능 컴퓨터는 더 이상 신생아에게 열량을 제공할 수 없게 돼. 신생아는 성인보다 생존 능력이 떨어지기 때문

날짜	인구 변화			열량 변화	
	기존 인구	출생	사망	사망시 발생하는 열량 =인간이 섭취할 열량	기존 인구 때문에 발생하는 열량
36일	1,225만 명 (신생아)	기존 인구 사망으로 신생아 출생 없음	99억 9,475만 명	60× 99억 9,475만	신생아가 발생시키는 에너지는 인공 지능 컴퓨터 유지에 사용. 60×99억 9,475만 명분의 에너지는 60등분하여 60일 간 사용
⋮	〃	〃	없음	없음	
97일	1,225만 명 (신생아)	〃	〃	〃	신생아에게 공급할 열량 없음
⋮		〃	〃	〃	
104일	0명	〃	1,225만 명	있으면 얼마나 있겠나?	37분 정도의 전기 에너지

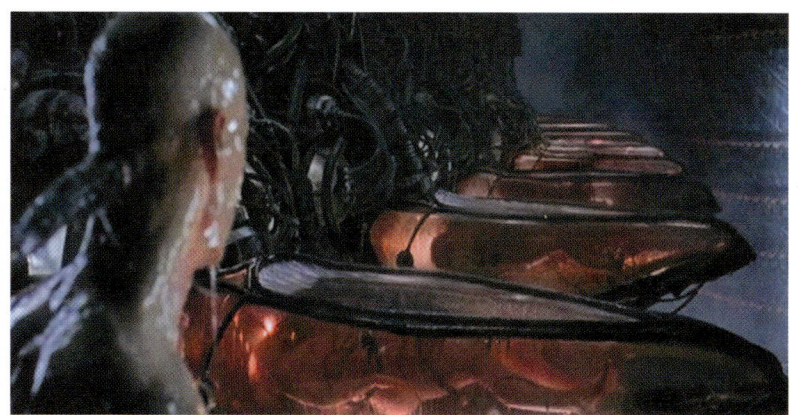
이 악몽도 3개월 2주 37분 뒤면 끝나겠군.

에, 열량이 제때 공급되지 않으면 대부분 7일 이내 사망한단다.

그래서 신생아가 모두 사망하는 7일 뒤, 대체 동력원 가동 104일째 되는 날이면, 인공 지능 컴퓨터의 대체 동력원이었던 인간 전체와 1,225만 명의 신생아까지 모두 사망하지.

이 때 모든 인간이 죽어서 내는 에너지는, 내가 계산기로 손가락에 땀 나도록 3박 4일 간 계산해 보니, 고작해야 인공 지능 컴퓨터가 37분 간 움직일 수 있는 양에 불과해.

그 결과, 인공 지능 컴퓨터는 104일 37분, 즉 3개월 2주 37분 간의 화려한 생을 쓸쓸히 마감하는 수밖에. 그런데 왜 이런 황당한 결과가 나올까? 이게 다 인간이 지구로 들어오는 태양을 막아 버려서 생긴 거야. 지구에 끊임없이 에너지를 공급하는 태양을 막아 버리니 새로운 에너지가 생길 리 있니?

태양에서 지구로 새로운 에너지가 공급되지 않으니까, 사람의 열량으로 만들어진 에너지가 돌고 돌아 이런 황당한 결과를 낳은 거지. 아, 태양은 모든 에너지의 근원이거늘.

지구 중심부에 인간이 거주하는 도시가 있다고?

영화 속에선 인공 지능 컴퓨터와 맞서 싸우는 인간들이 지구의 중심부에 가까운 땅 속 깊은 곳에 자신들만의 도시 시온(Zion)을 건설하여 세력을 키워 나가는 걸로 나와. 그런데 과연 지구 중심부 근처에 도시를 만들 수 있을까?

이 설정은 어처구니없을 정도로 비과학적이야. 당연히 불가능해!

자, 지구의 내부 구조에 대해 한번 복습해 볼까? 지구 내부 구조는 지

이런 식으로 파 봐야 고작 13km까지뿐이야.

진파의 속력 변화에 따라 지각·맨틀·외핵·내핵으로 나뉘는 건 알지? 근데 왜 하필 지진파로 구분하냐고? 물론 지구의 내부를 삽으로 파서 확인해 보면 얼마나 확실하고 좋겠니? 하지만 땅을 그렇게까지 깊이 팔 수가 없단다. 그래서 지진파로 지구의 내부를 간접적으로나마 가늠해 보는 거야.

뭐, 지진파가 뭔지 다 잊어버렸다고? 지진파는 지진이 처음 일어난 진원에서부터 사방으로 퍼지는 파동을 말하잖아. P파하고 S파가 있지? 속도는 P파가 좀더 빨라. 그리고 P파는 기체·액체·고체 다 통과하는데, S파는 고체만 통과하지. 기억나지? 그럼 계속 간다.

그렇담 지각은 뭐냐? 암석으로 돼 있는 지구의 껍데기 부분이야. 사과에 비유한다면 껍질 정도로 생각하면 돼. 두께는 지표에서 모호로비치치 불연속면까지란다. 허걱! '모호로비치치 불연속면' 이 뭐냐고?

모호로비치치 불연속면은 줄여서 '모호면' 이라 하는데, 지구의 표면에서 발견된단다. 모호면을 경계로 윗부분은 지각, 아래는 맨틀이라 하지. 이 모호면을 경계로 지진파의 속력이 급격히 변하거든. 맨틀은 모호면에서부터 지하 2,900km까지이고, 지구 내부에서 가장 큰 부피(약 80%)를 차지하지.

지구의 구조

맨틀의 아래층인 핵은 외핵과 내핵으로 나뉘지? 외핵은 지하 약 2,900~5,100km까지이고, 철과 니켈 등으로 된 액체 상태일 거라 추정하지. 왜 그러냐면 고체와 액체를 두루 통과하는 P파와 달리 고체만을 통과하는 S파는 통과하지를 못하거든. 내핵은 지하 약 5,100~6,400km까지이고, 철과 니켈로 된 고체 상태라고 생각해. 왜냐고? P파의 속도가 여기서 빨라지기 때문이야.

아는 사람은 알겠지만, 지구의 내부로 갈수록 온도·압력·밀도 등이 증가한단다. 지구 중심부의 온도는 약 6,000C°, 압력은 350만 기압이지. 그런데 여기에 도시를 만든다고? 말도 안 되는 소리야.

지구 중심부에 도시를 건설한다고 할 때 가장 먼저 부딪히게 될 문제는, 지구 중심부까지 어떻게 파들어 가느냐 하는 거야. 현재까지 땅 속을 가장 깊이 판 기록은 러시아에서 유전 탐사를 위해 지하 13km까지 뚫은 거란다. 지각의 거의 끝부분이지.

지구 중심부에 이런 도시를 짓는다고?

왜 맨틀 깊이 이상으로 파 들어갈 수가 없느냐 하면, 맨틀은 감람암이 란 넘으로 돼 있어서 그래. 감람암은 다이아몬드보다 더 단단한 돌이란 다. 현재 지구가 갖고 있는 넘들 중 젤 단단하다는 다이아몬드보다 더 단 단한 넘이다 보니까, 다이아몬드로 드릴을 만들어서 판다고 해도 어림이 없지. 왜냐 하면 다이아몬드 드릴이 마찰열로 다 타 버릴 테니까.

실제로 미국에서 '모홀 계획'이라고 해서 지하 약 5~6km까지 파 들 어갔다가 더 이상 뚫고 들어갈 굴삭기가 없어서 중단한 적이 있어. 맨틀 이 얼마나 단단한 넘인지 알겠지?

뭐? 그렇담 맨틀부터는 핵폭탄으로 뚫어 버리자고? 허허, 그렇게 되 면야 좋겠다만 안 되는 이유가 또 있지.

우선 맨틀의 온도는 2,000C°거든. 핵폭탄이 먼저 녹지 않겠니? 설사 2199년에 무지 좋은 재료를 개발해 서 핵폭탄이 안 녹게 한다고 해도 맨 틀은 뚫을 수가 없단다.

맨틀이 얼마나 대단한 넘인지는 지진이 일어났을 때를 생각해 보면 알 수 있어. 지진의 진원은 대개 맨 틀 내부에 있는데, 지진이 일어날 때 발생하는 에너지의 양이 큰 넘은 수소 폭탄 30개의 위력을 능가하거 든. 그래도 맨틀은 끄떡없단다. 대 신 지각에서는 지진 때문에 난리가

이렇게 지하 핵실험을 해도 맨틀은 멀쩡해.

나겠지.

이렇게 맨틀이란 넘은 온도가 워낙 높은 데다 단단하기까지 해서 핵폭탄이 폭발한다 해도 끄떡이 없단다. 그러니 미국·러시아·중국 등이 지하에서 핵실험을 하지. 맨틀이 약하다면 할 수 있겠니? 핵폭탄을 터뜨려도 맨틀에게는 사과 껍질에 흠집 내는 정도에 불과해.

봐주는 김에 맨틀을 지나 지구 핵까지 파 들어갔다고 치자. 외핵과 내핵의 온도는 각각 $4,000C°$ 와 $6,000C°$ 이지만, 2199년에 뛰어난 내열재를 발견하여 이 온도를 극복하고 팠다고 하자고.

그래도 내핵 안에 도시를 건설하는 것은 어불성설이란 말이지. 내핵 내부에선 350만 기압이 사방에서 내리누르고 있거든. 1,000기압이면 탄소가 다이아몬드로 변할 만큼의 고압이란다. 그런데 350만 기압이라, 과연 도시가 될 법한 소리냐고요.

▶▶그리스도 교적 요소가 많은데, 웬 사탄 숭배래?

네오 = 예수님

트리니티 = 막달라 마리아

모피우스 = 세례 요한

사실 이 영화는 눈에 띌 정도로 그리스도 교적 요소를 많이 사용했어. 모피우스는 구세주를 찾아 다니는 선지자 요한, 네오는 인류를 구원해 줄 구세주 예수, 트리니티는 삼위일체, 모피우스 일행이 타고 다니는 함선 느부갓네살은 성경에 나오는 바빌론의 왕, 또 인간이 매트릭스를 벗어나 도달하고자 하는 시온은 성경에서 세상의 끝에 인간들이 살게 될 낙원이라고 한 곳이지.

이렇게 써 놓고 보면 그리스도 교 사상을 배경으로 한 영화 같은데, 자세히 파헤쳐 보면 감독의 의도가 좀 의심스럽단다. 왜냐 하면 영화에 쓰인 음악이 그리스도 교와는 상당히 거리가 있거든.

1999년 4월 미국 콜로라도의 한 고등학교에서 2명의 남학생이 친구들에게 총을 난사하여, 무려 15명의 학생과 교직원들을 숨지게 했던 사건, 기억나? 그런데 조사를 해 보니, 애들이 마릴린 맨슨이란 밴드의 광신도였단다. 마릴린 맨슨은 미국 내에서 악마적 가사 내용과 엽기적 행위들로 인해 '청소년 유해 록 밴드' 제1호로 손꼽는 그룹이야.

공연 중에 병아리를 풀어 놓고 밟아 죽이면서 노래를 부르기도 하고, 자신들이 샤탄교의 교주라면서 사탄 숭배 의식도 벌인단다. 게다가 무대 가운데에 마치 교회처럼 십자가를 크게 걸어 두지. 그리고 십자가를 불태우고 성경을 찢는단다. 이런 행동을 하면서 스스로 적그리스도의 선구자라고 말해. 적그리스도는 종말 때 나타나 그리스도를 내적할 것으로 예언된 통치자야. 그러니 분명히 자신을 반그리스도 교적 영웅으로 내세우는 거지.

이렇게 반그리스도 교적이며 사탄주의자인 마릴린 맨슨의 노래 〈Rock Is Dead〉가, 여러 가지 면에서 예수를 연상시키는 네오가 총을 난사하여 적을 죽이는 장면에서 배경 음악으로 나온

마릴린 맨슨

이유는 뭘까? 그리스도 교에 대한 조롱의 표시일까? 아님, 사탄 숭배?

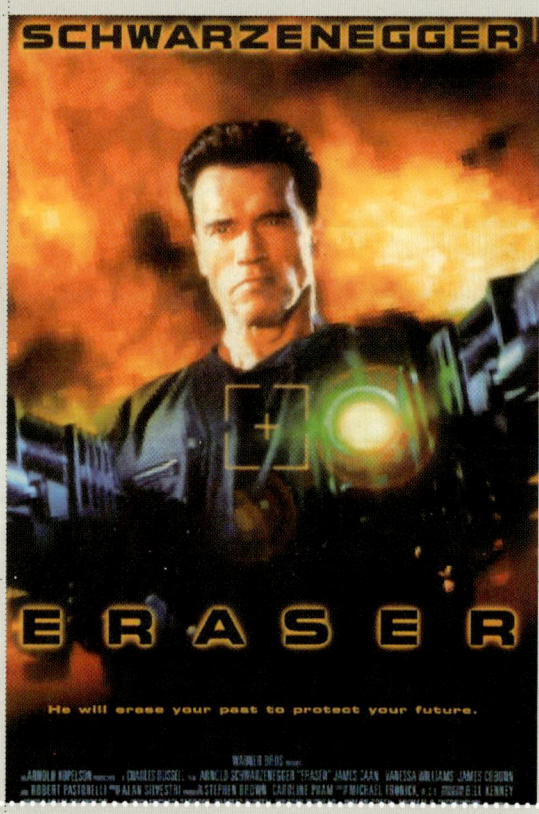

이레이저

aser Eraser Eraser Eraser Eraser Erase

그 총, 참 요상야릇하네!
— 레일건과 플레밍의 왼손 법칙

박찬호가 던진 야구공 12,500개를 한꺼번에?
— 운동량과 충격량

관련 단원
중학교 과학 1 '힘' | 중학교 과학 2 '전기' | 중학교 과학 3 '전류의 작용'
고등학교 과학 '힘과 에너지'

이 영화의 제목 '이레이저(Eraser)'를 보는 순간, 영어 좀 한다는 넘들은 "어, 지우개란 뜻인데?" 하면서 아는 체를 해댔지. 설마 너희도 아널드 슈워제네거가 지우개 장수쯤으로 나오리라 상상했던 건 아니지? 뭐, 아니라고? 그럼 다행이고.

아, 그런데 이 영화 '이레이저'의 진정한 의미는 무엇이냐고? 음, 그것은 미국 연방 정부의 '증인 보호 프로그램'에서, 증인의 신원을 지우개처럼 '지우는' 역할을 수행하는 주인공의 직업을 말해.

주인공 존 크루거(아널드 슈워제네거 분)는 연방 보안관이란다. 재판 전까지 증인을 보호해 주다가, 재판 후에는 증인이 전혀 다른 신분으로 새 삶을 살아갈 수 있도록 도와 주는 증인 보호 프로그램을 맡고 있지.

그러던 어느 날, 무기 제조 회사에 근무하는 리 컬른이라는 여자가 불법 무기 거래의 결정적 증거를 알게 되는 바람에 위험에 처해. 크루거는

무지무지 크고 잘 지워지는 지우개 사세요!

이 여자를 보호하는 임무를 맡게 되지. 이 때문에 갖가지 사건들이 터지게 되고……

이 영화에서 가장 볼 만한 장면은, 주인공 크루거가 B727 비행기에서 낙하산을 먼저 던진 뒤 홀몸(?)으로 뛰어내리는 장면이야. 아, 낙하산은 어떻게 됐냐고? 주인공이 공중에서 다시 짊어 메. 혹시라도 영화를 보게 되면, 이 장면만큼은 절대로 놓치지 말도록!

그 총, 참 요상야릇하네!

후반부에 이르면, 울퉁불퉁 우람한 근육을 자랑하는 크루거가 양손에 요상하게 생긴 총 하나씩을 들고 적들에게 냅다 총알을 퍼붓는 장면이 있단다. 언제나 그러하듯, 엑스트라들은 총알이 옷깃을 스치기만 해도 여기저기로 나가떨어져 죽지.

이 요상스런 총을 가리켜 '레일건'이라고 해. '레일'이 뭔지는 알지? 기차가 다니는 선로 말야. 그러고 보니 비슷한 구석이 있는 것 같군. 뭐가 비슷하냐고? 음, 레일건은 두 개의 레일 사이에 전류를 흐르게 한 뒤, 총알을 넣어서 발사하는 거거든. 총알은 전류의 힘을 받아서 앞으로 날아가는 거고……. 마치 열차가 레일을 따라서 달려나가는 것처럼 말야.

이렇듯 신기한 레일건의 작동 원리를 이해하기 위해서는 먼저 '플레밍의 왼손 법칙'을 알아 둬야 해. 그렇다고 미리 겁먹지는 마. 아주 쉬우니까 천천히 따라오셔!

'플레밍의 왼손 법칙'은 자기장과 전류가 직각일 때 힘의 방향을 간단히 알아내는 방법이야. 먼저 그림처럼 왼손의 세 손가락을 직각이 되게

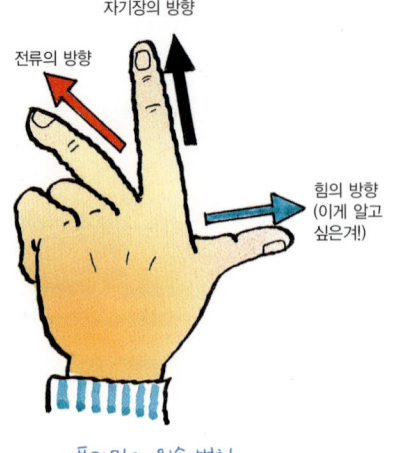

자기장의 방향
전류의 방향
힘의 방향
(이게 알고
싶은게!)

플레밍의 왼손 법칙

벌려 봐. 뭐, 직각으로 벌어지지 않는다고? 그럼 짝지한테 세게 잡아당겨 달라고 해. 어, 그렇다고 너무세게 당기진 마. 살살…….

집게손가락을 자기장 방향으로, 가운뎃손가락을 전류 방향으로 향하도록 벌려 봐. 그러면 전류에 작용하는 힘이 엄지손가락 방향으로 정해지게 되거든.

이 법칙은 자기장 내의 '정지'해 있는 물체에 전류가 흐를 때, 물체가 받는 힘의 방향을 알 수 있게 해 줘. 다시 말해, 물체의 운동 방향을 알 수 있게 해 준다는 거지. 헉, 너 방금 뭐라 그랬니? '플레밍의 왼손 법칙'이 있으면, '오른손 법칙'도 있지 않겠냐고? 예리한 넘! 그래, 맞아. '플레밍의 오른손 법칙'도 있고말고.

'플레밍의 오른손 법칙'은 '플레밍의 왼손 법칙'과 반대로 하면 돼. 일단 오른손의 세 손가락을 서로 직각이 되게 벌려야겠지? 그리고 집게손가락을 자기장 방향으로, 엄지손가락을 힘의 방향으로 향하게 하면, 전류는 당연히 가운뎃손가락 방향으로 향하게 되지.

자기장 내에 '움직이고' 있는 물

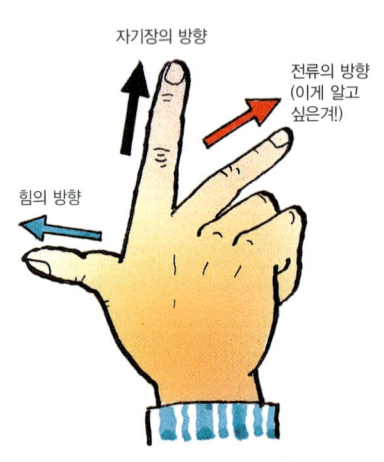

자기장의 방향
전류의 방향
(이게 알고
싶은게!)
힘의 방향

플레밍의 오른손 법칙

체가 있으면 반드시 전류가 생기게 마련인데, 이 때 전류의 방향을 알 수 있도록 하는 것이 바로 '플레밍의 오른손 법칙'이야.

으응, 근데 왜 이 때 전류가 생기는 거냐고? 〈오션스 일레븐〉을 찾아보셔. 난 리바이벌은 좋아하지 않으니까. 살짝 힌트만 줄게 에, 전자기 유도 현상……

마지막으로 하나 더! 전선에 전류가 흐르면, 자기장의 방향은 어떻게 될까? 요것도 쉬우니까 금방 이해할 수 있어. 아래 그림을 봐. 오른손의 엄지손가락을 전류가 흐르는 방향으로 향하게 한 후, 전류가 흐르는 전선을 여자 친구, 아님 남자 친구의 손을 잡듯 살며시 감아쥐면, 나머지 손가락들은 자연스레 자기장 방향을 가리키게 돼. 이것을 '오른나사의 법칙'이라고 하지.

'플레밍의 왼손 법칙'과 '오른나사의 법칙', 다시 한 번 정리해 볼까? 우선 레일건의 전원을 켜 보자. 그럼 레일에 전류가 흐르겠지?

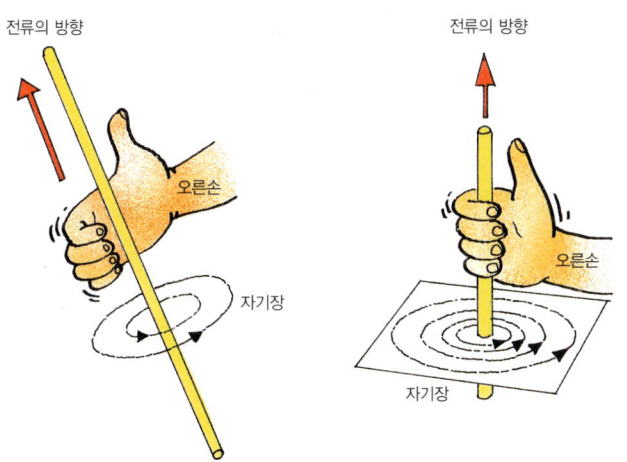

오른나사의 법칙. 엄지손가락을 제외한 나머지 네 손가락은 자기장의 방향을 가리켜.

아래의 그림에서, (점선으로 표시된) 전류가 시계 방향으로 흐르는 거보이지?

그 다음에는 실선으로 표시된 원 모양의 자기장을 봐. 이넘의 방향은 뭘로 결정된다고? 조금 전에 얘기했잖아, 오른나사의 법칙. 그럼 이제 자기장이 움직이는 방향을 따라가 봐. 레일 밖에선 하늘로, 레일 안에선 땅으로 향하고 있잖아. 알고 있다고? 음, 그래, 알았어.

그렇담 레일 안에 가만히 있던 총알은 '플레밍의 왼손 법칙'에 따라 어느 쪽으로 힘을 받을까? 한번 맞혀 봐! 손가락 모양이 이상하지 않다면, 그림의 오른쪽 아래에 있는 화살표와 왼손의 손가락 방향이 정확히 일치할 거야. 이 원리에 따라서 레일 사이에 있던 총알이 밖으로

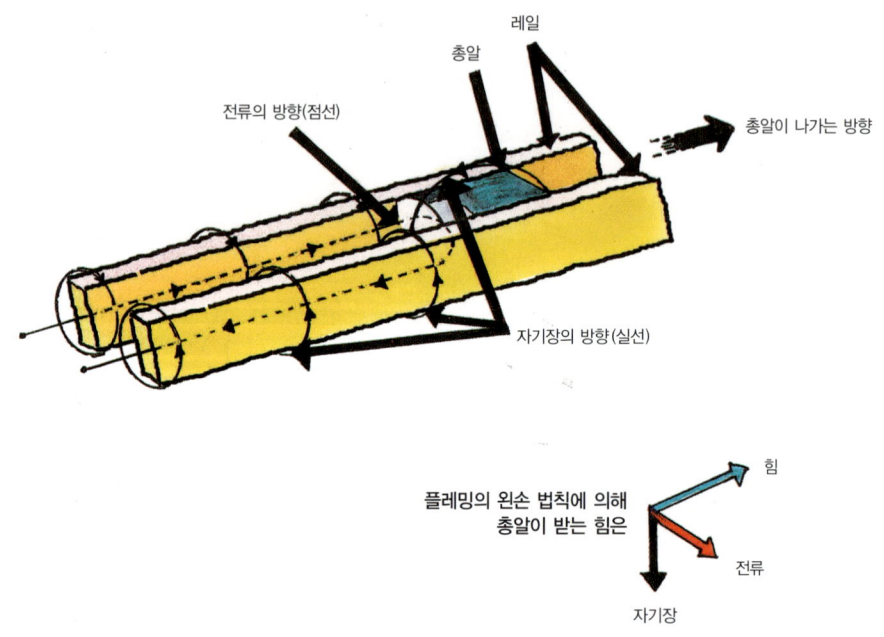

레일건에서 총알이 나가는 원리

'슝~' 하고 날아가는 거거든. 말하자면 레일건이 총알을 발사하는 원리는 자기 부상 열차가 앞으로 나아가는 원리와 똑같단다. 몰랐지롱?

박찬호가 던진 야구공 12,500개를 한꺼번에?

레일건, 이젠 이 총의 정식 명칭을 가르쳐 줄 때가 된 것 같군. 이 총을 제대로 부르자면, '입자 가속 총' 또는 '전자장 가속 발사기'라고 해야 해. 하지만 여기선 여태껏 레일건이라 했으니까, 그냥 레일건으로 쭉 밀고 나가자.

아까도 말했지만, 레일건은 일반 총처럼 화약을 사용하여 총알을 발사하는 게 아니야.

〈퀘이크〉의 레일건. 제법 폼나지?

오직 전류의 힘만으로 총알을 발사시키지. 그런 의미에서 미래의 무기라고 할 만하지 않니? 그래서일까? SF 영화는 물론, 〈퀘이크〉나 〈헤비기어〉, 〈메크워리어〉 등 미래를 배경으로 하는 게임에도 자주 사용되고 있지.

실제로 레일건은 1970년대 초부터 연구되기 시작했어. 1980년대 미국은 구 소련에서 날아오는 대륙간 탄도 미사일을 공중에서 제거하기 위해 스타워즈 계획을 세우고 대대적인 연구를 펼쳤지. 이 때 레일건도 개발됐다고 해. 지금은 전함의 미사일 요격 무기로 개발이 한창 진행 중이란다.

무엇보다 현실적인 무기로 사용될 수 있도록 개량하는 데 중점을 두고 있다는군. 이것은 거꾸로 말하면, 레일건이 아직 무기로서는 실용화 단계에 이르지 못했다는 거야. 더욱이 영화나 PC 게임에 등장하는, 개인이 들고 다닐 수 있을 만한 크기의 레일건은 아직 개발 시도조차 하지 못한다지? 과학적으로 해결해야 할 몇 가지 문제점이 있어서 말이야.

이 영화는 그러한 사실을 아는지 모르는지, 레일건을 턱하니 등장시켰지. 어디 그뿐이야? 레일건의 특징들마저 완전히 왜곡해 버리고 있단다. 여기서는 크게 두 가지만 짚고 넘어가도록 하자.

전기 먹는 하마, 레일건

레일건은 전류의 힘으로 총알을 발사하기 때문에 전류를 공급해 주는 배터리가 꼭 필요해. 총알의 무게가 늘어날수록 배터리의 용량이 커지는 건 당연한 일이지. 최근에 있었던 어느 실험 결과에 따르면, 대륙간 탄도미사일을 파괴할 정도의 위력을 갖는 레일건의 총알 무게는 무려 5kg이나 된다고 해. 그것을 발사시키자면, 12V짜리 자동차 배터리 14,000개 분량의 전기가 필요하다지?

그렇다면 영화에 등장하는 레일건 정도라면? 자그마치 280개의 자동차 배터리가 필요하단 계산이 나와. 헉, 그런데 영화 속에선 왜 자동차 배터리가 보이지 않는 거야? 하늘로 솟았나, 땅으로 꺼졌나?

음, 이쯤 되면 '혹시 레일건 어딘가에 소형 원자로가 남모르게 대롱대롱 매달려 있는 게 아닐까?'라는, 야무진 생각을 하는 넘들이 있을지도 모르겠군. 그렇담 잘 들어 봐. 최근에 일본이 설계했다는 200kW급 소형 원자로의 무게가 얼만 줄 아니? 자그마치 7.5t이나 된다.

이걸 총에다 달 수 있다고 생각하니? 아니면 끌고 다닐 수 있다고 생각하니? 소형 원자로를 끌고 다닌다는 것이 언감생심 가능하겠냐마는, 설사 그게 가능하다 한들 그것을 어찌 휴대용 소총이라 부를 수 있으리.

크루거, 팔 괜찮니?

영화에 등장하는 레일건의 위력은 콘크리트 벽도 뚫을 수 있을 만큼 강력하게 묘사돼 있어. 이 정도의 위력이라면 총알의 발사 속도가 적어도 4~5km/s 정도는 되어야 해. 그럼 총알이 발사될 때, 크루거의 어깨가 받는 충격량은 얼마게?

충격량을 계산하려면 먼저 운동량을 알아야 해. 운동량이란, 말 그대로 운동의 양이 얼마나 되는지 그 크기를 말해 주는 넘이지. 운동하고 있는 모든 물체는 운동량을 가지게 돼. 그렇담 움직이지 않는 물체의 운동량은 얼마일까? 당연히 0이지. 이 운동량을 수식으로 표현하면,

운동량=물체의 질량×속도

라 할 수 있어. 즉, 속도가 빠르고 질량이 큰 물체일수록 운동을 많이 한다는 것이지. 운동량, 알고 보니 별것 아니지?

이번엔 충격량을 알아볼까? 그러기에 앞서 너희들, 1차 함수 시간에 배운 직선의 기울기에 대한 정의 기억나니? 수업 시간에 졸지 않았다면 냉큼 'y의 변화량÷x의 변화량'이란 답이 나와야지. 충격량도 이와 비슷해. 이것을 수식으로 표현하면 이렇게 돼.

충격량=운동의 변화량÷시간의 변화량

레일건을 이런 식으로 쏘면, 내 몸이 성하지 못할 거라고?

그러면 아널드 슈워제네거가 총을 쏠 때 받았을 충격량을 한번 계산해 볼까? 어라, 25만 J/s? (여기서 J는 에너지의 단위인 주울) 이게 얼마만큼 인지 감이 오니? 도무지 모르겠다고?

우리의 자랑스러운 메이저 리그 스타인 박찬호 선수가 150km/h짜리 공을 던졌을 때, 포수가 받는 충격량이 대략 20J/s란다. 그렇담 초울트라 근육맨 아널드 슈워제네거가 레일건으로 총알을 발사했을 때, 아널드의 어깨가 받는 충격량 25만 J/s는?

음, 박찬호 선수가 150km/h로 던진 야구공 12,500개를 동시에 맞는 것과 같아. 그렇다면 아널드 슈워제네거의 어깨는? 더 이상은 너희들의 상상에 맡기마.

▶▶베일에 싸인 미국의 특수 기관

이 영화에는 뜬금없이 '증인 보호 프로그램'을 집행하는 연방 보안관이 등장하지. 이것은 미국의 알려지지 않은 특수 기관 가운데 하나라고 해. 현재 미국에는 10여 개의 정보 기관들이 활약하고 있어. 그 중에서 대표적인 것 몇 군데를 알아보자.

NSA

정식 명칭은 '국가 안전 보장국'이란다. 한때는 이 기관이 존재한다는 사실이 공식적으로 인정되지 않아서 가상의 기관으로 치부되기도 했지.

NSA는 전 세계의 통신들을 모조리 엿들으며 분석한다고 해. 매월 1억 건 정도를 도청하고 있다나.

그리고 NSA에는 약 3만 8천 명의 직원들이 근무하고 있는데, 수학자와 언어 전문가 등 고학력자들이 많이 채용돼 있다는군. 연간 예산은 약 3백억 달러로 추산되고 있어. 이는 CIA의 2배 규모로서, 사실상 미국 정보 기관 중 최상급인 셈이지.

DIA

우리말로는 '국방 정보국'이라 해. 군사 정보를 다루는 정보 기관 중 최상위 기관이라지? DIA의 1차 목적은 미국 군대에 갖가지 정보를 제공하고, 육·해·공군의 각 정보국들 사이에 있을 수 있는 의견 차이를 조정·관리하지.

DIA의 직원은 약 1만 9천 명이며, 연간 예산은 약 20억 달러라고 해.

NRO

음, '국립 정찰국'을 말해. 창설 계기는 1960년 5월 1일 구 소련 상공에서 발생한 U-2기 격추 사건이었단다. U-2기 격추로 CIA가 더 이상 소련 상공에서 정찰기를 이용하여 정보 수집을 할 수 없게 되자 NRO를 창설한 거지.

위성 첩보와 전략 정찰기에 의한 정보 수집을 그 임무로 하고 있어. 하지만 이들에 대해서는 알려진 바가 거의 없어. 최초로 NRO가 일반인에게 노출된 것은 1973년이었는데, 어느 상원 위원의 실수 때문이었다나.

NRO는 미국의 모든 정찰 위성과 감시 위성을 관리하는 임무와 전략 정찰기의 운용에 관여하고 있어.

NRO 직원은 정규직 약 1천 명 이외에 다수의 계약직이 있으며, 연간 예산은 약 62억 달러 정도란다.

정찰기 SR-71도 NRO 허락이 있어야 비행할 수 있다나.

레드 플래닛

Red Planet Red Planet Red Planet Red

화성의 지구화가 고작 20년?
— 지구화와 온실 효과

겉모습은 바퀴벌레 같은데?
— 선충류와 선형동물

나, 진짜 유전학자 맞아요!
— DNA와 인간의 지놈 지도

〈매트릭스〉이후 처음으로 모습을 드러낸 여전사 캐리 앤 모스와 〈배트맨 포에버〉의 발 킬머, 그리고 〈매트릭스〉스태프 진에, 〈스타워즈 2〉의 촬영 감독 등이 뭉쳐서 21세기 SF 대작을 탄생시켰다고 저희들끼리 우겨 대는 영화.

음, 줄거리는 비교적 간단해. 2025년, 인류는 자원 고갈에다 공해 및 환경 오염 등등의 이유로 지구에서는 더 이상 살 수 없게 돼. 결국 화성에 가서 살기로 결정하지. 그 담은 뭐겠니? 모종의 프로젝트를 진행해야지. 인간이 화성에 거주할 수 있도록 하자면 말이야.

그런데 어느 날 갑자기 프로젝트에 이상이 생긴 거야. 원인을 밝혀 내기 위해서 6명의 똑똑한 과학자들을 가려 뽑아 화성으로 보내지. 그 다음은 뻔하잖아? 똑똑한 과학자들이 괜히 떼를 지어 화성으로 날아갔겠어? 얘기가 흘러가자면 어쩔 수 없이 겪어야 하는 일들이 있게 마련이지. 파란만장한 듯하지만, 알고 보면 그렇고 그런 얘기들 말이야.

영화를 보면 알겠지만, 구성상의 참신함은 좀 부족한 듯해. 그렇지만

어어, 자세가 좀······ 거시기한걸?

특수 효과를 이용한 볼거리는 진짜로 많단다. 그 중 두 가지를 꼽으라면, 하나는 고증을 통해서 구현한 화성의 표면이고, 또 하나는 에이미라는 전투 로봇이야.

나, 에이미. 뭐, 멍멍이 같다고 ?

첫 번째, 영화 속의 화성 표면 촬영은 말야. 화성의 지표면과 가장 흡사한 지형 조건을 찾는 게 관건이었지. 여차여차해서 찾아본 결과, 〈로렌스〉라는 영화의 촬영지로도 유명한 아라비아의 요르단(좀더 정확히 말하면 '와디룸')에서 적당한 곳을 발견했단다. 그리곤 미국 항공 우주국, 즉 NASA 존슨 우주 센터의 도움을 얻어서 과학적 고증을 거친 뒤 컴퓨터 그래픽으로 화성 지표면을 합성해 냈지. 꽤 치밀한 넘들이야.

두 번째, 인공 지능을 가진 로봇 에이미는 기존의 특수 효과보다 훨씬 더 섬세한 기술로 창조되었어. 그래서 그런지, 이넘의 움직임은 굉장히 유연하단다. 강아지마냥 미친 듯이 폴짝폴짝 뛰어다니기도 하고, 헬리콥터마냥 하늘을 붕붕 날아다니기도 하고……. 이넘이 혹시 진짜 살아 있는 게 아닐까 하는 착각이 들 정도란다. 정말로 고생 많이 했다, 특수 효과 팀!

아참, 본격적으로 영화를 후벼 보기 전에 말야. 1997년 7월 우주 탐사선 패스파인더 호를 타고 화성으로 날아갔던 미니 로봇 '소저너'가 잠깐 카메오로 출연(?)했는데, 한번 봐 줘야 하지 않겠니? 짜잔, 옆을 봐.

카메오라도 좀 이쁘게 찍어 주지.

참, 소저녀가 화성에 가서 뭘 했냐고? 음, 여기저기 돌아다니면서 사진도 찍고, 화성의 토양과 날씨 같은 것들을 꼼꼼히 조사했지. 말하자면 화성에 생명체가 살았나 안 살았나 살펴본 셈이야. 그런 일을 왜 소저녀가 하냐고? 아까 말했잖아, 지금의 화성은 인간이 발디딜 데가 못 된다고. 그래서 이 영화가 만들어진 거잖아. 카메오가 뭔지는 알지? 관객의 시선을 끌기 위해서, 바꾸어 말하면 볼거리를 제공하기 위해서 제작진들이 일부러 출연시키는 것들 말야. 아참, '것들'이라고 해서 오해할라. 사람도 있어. 사실 사람일 때가 훨씬 더 많지. 대개 인기인들이 이런 역할을 맡잖아.

화성의 지구화가 고작 20년?

아까 말했다시피, 이 영화에서는 지구의 환경 오염이 너무나 심각해서 더 이상 살아가기 힘들게 되자, 사람들을 화성으로 이주시키기 위해서 화성의 지구화 프로젝트를 시작해. 지구화 프로젝트가 뭐냐 하면, 산소 생성에 필요한 이끼를 무인 우주선에 실어 20년 동안 매일매일 화성으로 보내는 거야. 그래서 화성에 대기권을 형성하고, 또 산소도 만들고 하지.

처음 20년 동안은 프로젝트가 성공하는 듯이 보였는데……. 얼라리요? 어느 날 갑자기 이끼가 '뿅!' 하고 일제히 사라져 버린 거야. 그래서 부랴부랴 6명으로 구성된 과학자들을 탐사선에 태워 보낸 거지. 이 때가 2045년이라나. 그런데 화성을 지구화하는 데 걸린 시간이 고작 20년이란 소리야? 이건 너무 짧은걸. 왜 짧다는 건지 한번 들어 볼래?

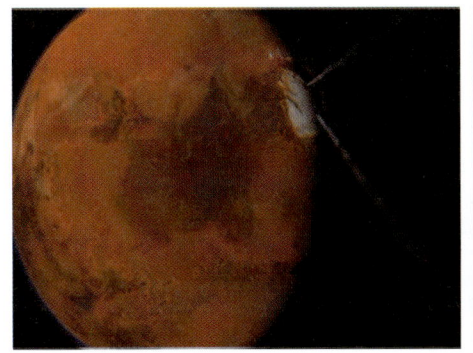

우리가 보낸 이끼로 화성이 이렇게 변했대요. 제발 믿어 주세요!

　이 영화에서처럼 인간이 살기 힘든 조건을 가진 별을 살 만한 곳으로 '수리 수리 마수리 얍!' 하고 마술 부리듯 변화시키는 것을 가리켜서 우리말로는 '지구화', 미국 넘들 말로는 '테라포밍(terraforming)'이라고 해.

　지구에서 사람들이 아무 탈 없이 쿵짝쿵짝 룰루랄라 잘살 수 있는 이유가 뭔지 아니? 그것은 우리가 숨쉴 수 있는 산소가 충분히 있고, 또 날씨가 사람 살기에 알맞기 때문이야. 그렇담 다른 행성에도 지구처럼 사람이 살 수 있을 정도의 온도와 산소를 만들어 주면 '게임 끝!' 아니겠어? 그런데 실제로 그럴까? 우선 온도와 산소를 만드는 방법에 대해서 알아보도록 하자. 크게 두 가지 과정으로 나눌 수 있어.

　첫째는, 기온을 높이는 거지. 매스컴을 통해서 들어 본 적 있을 거야. 하지만 무슨 말인지 당췌 와 닿지 않는다는 게 우리의 문제지. '온실 효과'란 넘 말이야. 이넘을 이용해서 영하 60C°의 매서운 화성 날씨를 사람이 살 만한 기온으로 높이는 거야. 영상 18C° 정도로 말이지.

　따뜻하게 유지해 주는 효과를 말해. 다시 말해 지구 요 녀석이 태양이

내뿜는 복사 에너지를 대기로 통과시키고, 자기가 방출하는 복사 에너지도 스펀지가 물을 빨아먹듯이 마구마구 흡수해서 생기는 현상이란다. 우리가 살고 있는 지구에 이러한 온실 효과가 없었다면, 지구의 평균 기온이 아마 영하 15C° 쯤 될 거야. 휴, 하마터면 얼어 죽을 뻔했지?

이렇듯 적당한 온실 효과는 우리들이 살아가는 데 매우 유익한 역할을 해. 하지만 언제나 지나친 것은 금물! 그 정도가 심해지면 '지구 온난화'라는 심각한 문제가 발생하거든.

지구 온난화가 계속해서 진행되면, 태평양의 섬들이 수몰 위기를 맞는다든지, 농작물의 수확량이 갑자기 줄어든다든지, 말라리아 같은 열대병들이 유행한다든지 하는 등의 심각한 문제가 일어날 수 있어.

조금 전에 말했다시피, 지구 온난화에는 이산화탄소가 결정적인 역할을 해. 지금도 이산화탄소 배출량이 증가하면서 지구 온난화가 급속도로

우리가 이렇게 따뜻하게 살 수 있는 건 '온실 효과'란 넘 때문이란다.

진행되고 있단다. 석탄이나 석유 같은 화석 연료들을 대량으로 소비하면, 대기 중에 있던 이산화탄소 농도가 계속해서 올라가거든.

그 결과, 지난 1백 년 동안 지구의 온도가 $0.3 \sim 0.6C°$ 정도 상승했다잖아. 북반구의 고위도 지방이나 남극 일부에서는 그 정도가 훨씬 더 심하고……. 그래서 최근에는 세계 각국에서 이산화탄소의 배출량을 규제하려는 노력을 적극적으로 기울이고 있지.

둘째는 산소 문제. 사람이 호흡할 수 있을 만큼의 산소를 충분히 발생시켜야 거기서 살 수 있을 거 아냐. 이건 식물들이 광합성할 때 발생하는 산소를 이용하면 돼. 이 영화에서도 이끼를 화성으로 보내잖아.

그런데 온도와 산소, 이 두 가지 문제를 해결하기 위해선 몇 가지 작업들이 필요해. 현 단계의 기술 갖고는 화성을 지구화하는 데 엄청나게 오랜 시일이 걸릴 뿐 아니라, 실행하는 일 자체가 그리 만만치 않아.

왜 그런지, 나름대로 똑똑하다는 넘들이 떠들어 대는 화성의 지구화 방법 중 가장 대표적인 것을 예로 들어 설명해 볼게. 우선 화성의 극관에 있는 얼음을 녹인 뒤, 그 안에 있는 이산화탄소를 발생시켜야 돼.

극관이 뭐냐고? 음, 화성의 남극과 북극, 즉 양 극에서 볼 수 있는데, 얼음으로 덮여 하얗게 빛나는 부분을 가리켜. 이 극관은 계절에 따라 모양이 달라진다고 해. 이른 봄에는 극을 중심으로 하여 큰 극관이 위도 $50°$ 근방까지 퍼져서 빛이 나. 봄에서 여름 사이에는 급속히 작아져서 구름이 많이 생기다가, 늦여름이 되면 완전히 사라진다지? 겨울이 되면 극지의 한쪽에 안개에 덮이는데, 그 밑에서 새로운 극관이 생겨나 봄이 되면 다시 그 모습을 드러낸대.

아무튼 극관을 녹여 이산화탄소를 발생시키면, 이 이산화탄소들이 모여서 온실화를 이루겠지? 그 다음에는 이끼를 뿌려서 산소를 발생시키는 거고⋯⋯.

글로 써 놓으니까 별것 아닌 것 같지? 하지만 사실은 이렇게 되기까지는 많은 어려움들이 도사리고 있단다. 극관의 얼음을 녹이는 일이나 화성의 척박한 환경 속에서 산소를 발생시키는 식물을 만드는 일이 그리 쉽지는 않거든.

설사 이런 일들이 다 성공한다 하더라도, 온실화를 통해 사람이 살 만한 수준으로까지 기온이 올라가는 데에는 시간이 걸리지. 어디 그뿐이니? 화성의 대기권 내에 사람이 숨쉴 만한 양의 산소가 만들어져서 모이는 시간도 있어야 하고⋯⋯.

이런 요인들을 모두 고려하면, 화성의 지구화가 완성되는 데 걸리는 시간은 최소 수백 년쯤은 봐야 해. 물론 화성을 지구화하는 다른 방법도 있긴 해. 다만 완성되기까지 몇 천 년이 걸릴지도 모른다는 게 흠이라면 흠이지.

겉모습은 바퀴벌레 같은데?

이 영화에서 화성의 지구화를 위해 6명의 똘망똘망한 과학자들을 화성으로 보냈다는 얘기는 앞에서 했지? 그 가운데 유전학자 버체널이란 넘이 있는데, 이넘이 자신의 지식에 대해 어찌나 교만한지, 하느님을 만나기 전까지는 자신의 박사 학위 외엔 아무것도 믿지 않겠다는 듯한 태도야. 쳇! 제 잘난 맛에 살라고 하지, 뭐. 정말이지 재수는 없지만 말야.

그런데 이 기고만장한 유전학자 버체널이 지구에서 화성으로 보낸 (이

진짜 선충류(왼쪽) . 선충류라고 주장하는 생명체(오른쪽)

끼를 먹고 산소를 발생시키는) 이상한 생명체를 보고 약간의 주저함도 없이 선충류라고 하지 뭐니? 어이구, 선충류라니? 웬 선충류?

선충류는 말야. 선형동물의 한 종류인데, 한마디로 기생충이라 생각하면 돼. 예컨대 우리 뱃속에 우리의 의사와 전혀 상관없이 동고동락하고 있는 회충과 요충, 십이지장충 따위들 말이야.

선충류는 식물이나 동물에 기생하면서 양분을 뺏어 먹고 사는 넘이라, 이 영화의 설정처럼 산소 발생과는 거리가 멀어. 게다가 선충류란 이름에서 알 수 있듯이, 그 모양도 띠(선)처럼 생겼지. 영화에 등장하는 선충류와는 전혀 달라. 영화에 출연한 넘은 생긴 걸로 봐선, 껍질이 딱딱한 것이 절지동물 가운데 하나쯤 되는 것 같은데……. 왜 있잖아? 바퀴벌레 같은 넘들.

참, 뒤쪽에 나오는 그림은 이 영화의 시나리오 작가를 위해서 준비했어. 이른바 동물 가계도라 하지. 이거 보고 다음에 시나리오 쓸 때는 틀리지 마셔. 생물학깨나 한다는 사람들이 고심고심해서 만들어 놓은 거니까.

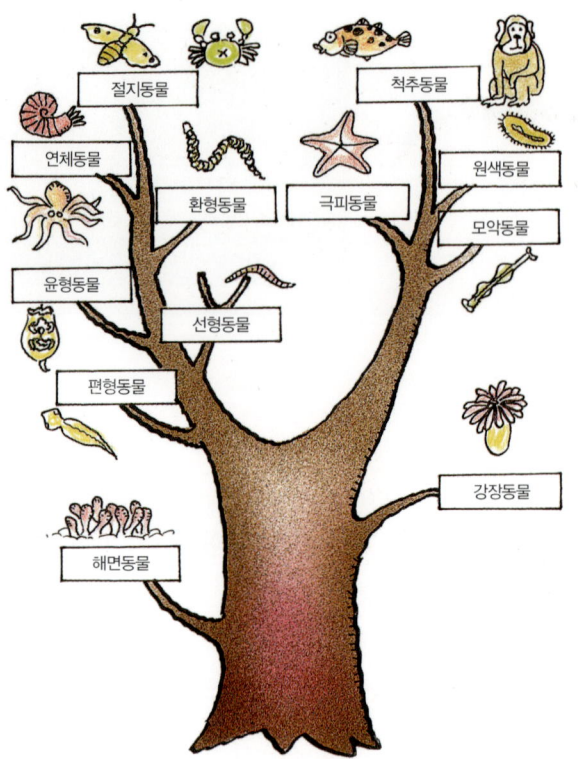

절지동물

척추동물

연체동물

원색동물

환형동물   극피동물

모악동물

윤형동물

선형동물

편형동물

강장동물

해면동물

선형동물이 어디 있게? 이렇게 보니까 꼭 과학 교과서 같지?

나, 진짜 유전학자 맞아요!

방금 앞에서 말한 대로, 생물학사에 지울 수 없는 오점을 남긴 버체널
이란 작자가 다시 한 번 뻔뻔스럽게 무지함의 극치를 드러내는 대목이
있단다. 벌써 두 번째야, 버체널! 알고 있는 거야?

버체널이 글쎄, DNA의 구성 요소가 A·G·T·P라고 화성 방방곡곡
에다 거침없이 떠들어 대고 있지 뭐야. 허허, 나 원 참! 원래 DNA의 구

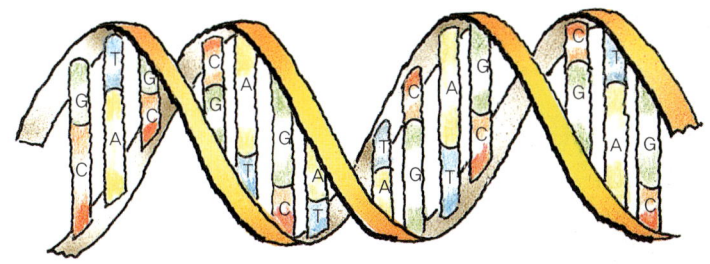

나, DNA 구조야. A · G · T · C 보이지?

성 요소는 A · G · T · C거늘.

그런데 엉터리 유전학자 버체널이 말하고 있는 P란 넘은 대체 뭘까? 본래 DNA에는 그림자도 비친 적 없는 것 같은데 말이야. 음, 미스터리야, 미스터리. 그러면 이참에 DNA에 관한 미스터리나 한번 풀어 볼까? 그렇지 않아도 요즘 들어 매스컴에서 DNA란 넘에 대해 자주 떠들어 대던데······.

DNA는 유전자의 기본 단위로서, 인 · 탄수화물 · 염기의 연결체지. 다 알다시피, 유전자는 유전에 관여하는 특정한 물질이고······. 이 중 염기는 A · G · T · P가 아니라, A(아데닌) · G(구아닌) · T(티민) · C(시토신) 등 네 가지로 되어 있지.

이 네 가지의 배열 순서에 따라 서로 다른 DNA가 만들어지는 거야. 사람들의 외모나 성격, 똑똑함이나 덜떨어짐이 제각각인 이유도 바로 이 네 가지 염기의 배열 차이 때문이래. 만약 사람들 마음대로 이 염기 배열을 조작할 수 있다면, 〈드래곤 볼〉에 등장하는 손오공처럼 슈퍼 과학자도 만들 수 있겠지?

이왕 DNA에 대해 알아본 거, 선심 쓰는 셈치고 DNA와 밀접한 '인간 지놈 지도'란 넘에 대해서도 알아보도록 하자. 21세기의 가장 중요한 학

유전 공학이 무지무지 발전하면
우리 같은 넘도 빛을 볼 날이…….

문인 생명 공학의 중심부에 인간 지놈 지도가 있다잖아? 시대에 뒤떨어지지 않으려면 이런 것도 한 번씩 봐 줘야 해.

사람에게는 A·G·T·C 염기 배열로 이루어진 대략 32억 쌍의 DNA가 있다고 해. 많기도 많네. 그리고 이 32억 개에 해당하는 인간 DNA 전체를 '지놈(genome)'이라고 해.

그럼 인간 지놈 지도란 뭘까? 음, 32억 쌍의 DNA 염기가 어떤 순서로 배열되어 있는지 밝힌 지도야. 쉽게 말하면, 인간의 유전자 정보 안내도라고나 할까. 그래서 미국과 영국에선 인간 지놈 프로젝트란 이름으로 인간의 지놈 지도를 완성하려는 노력을 줄기차게 벌였잖아.

그리고 마침내, 쿠구궁 펑펑!!! 2001년 2월 11일, 미국과 영국의 연구 팀이 인간 지놈 지도를 완성했어. 이 인간 지놈 지도의 완성은 곧 유전자 공학의 새로운 시대를 열었다는 말과 같아.

앞으론 이 지놈 지도를 이용하여 질병에 결정적인 영향을 미치는 유전자를 밝혀 내고, 여기서 더 나아가 그 유전자를 교체하거나 그것이 나쁜 짓을 하지 않도록 예방할 수도 있지. 그렇게 되면 암이나 치매, 당뇨병, 에이즈 등과 같은 난치병 또는 불치병을 치료할 수도 있고……. 야, 세상 참 많이 좋아졌다. 그지? 끄읕!

▶▶두루마리 휴지가 아니라 두루마리 컴퓨터라고?

영화에서만 등장하는 줄 알았지?

이 영화를 보면, 탐사대원들이 화성에서 두루마리처럼 생긴 무엇인가를 꺼내어 펼치는 장면이 나와. 생명체라곤 하나도 살지 않는 화성에서, 갓난쟁이의 응가를 뒤처리할 요량으로 가져간 휴지도 아닐 테고……. 도대체 뭐하는 데 쓰는 넘일까?

놀랍게도 그것은 컴퓨터 스크린이야. 지도를 비롯해서 위치, 온도, 그리고 의료 정보까지 보여 준다네. 신기하지 않니? 게다가 이 두루마리 컴퓨터가 더 이상 영화 속에나 등장하는 소품이 아니란다. 두루마리 컴퓨터는 이미 상품화 직전에 와 있거든. SF 영화와 현실의 경계는 과연 어디쯤일까? 캬, 문장 좋다.

현재 두루마리 컴퓨터의 상품화에 제일 근접한 회사는 미국 캘리포니아 주에 있는 롤트로닉스 사야. 두루마리 가공 기술을 활용해서, 컴퓨터 부품을 얇은 플라스틱 필름 위에 인쇄하듯 부착하는 연구를 하고 있어. 마치 신문을 찍어 내듯 컴퓨터를 만든다는……. 아주 참신한 발상이지?

이러한 두루마리 컴퓨터를 생산하려면 논리 회로, 저장 장치, 전원, 디스플레이 등 네 가지 주요 컴퓨터 장치를 모두 구부러질 수 있도록 만들어야 해.

롤트로닉스 사는 구부러지는 논리 회로를 만들기 위해서 플라스틱 필름 위에다 실리콘 트랜지스터를 놓고 레이저로 가열해서 붙이는 방법을 시도하고 있단다. 현재의 기술로는, 플라스틱 필름의 두께가 2mm라서 영화에서처럼 둘둘 말기는 좀 힘들어. 또 이 컴퓨터에 쓸 수 있는 논리 회로는 우리의 욕심과는 상당히 거리가 먼 286 컴퓨터 정도의 수준이라고 해.

컴퓨터를 둘둘 만다고?

기특한 넘들! 얼른얼른 개발에 성공해서 두루마리 컴퓨터를 하루빨리 세상에 내놓길 바란다. 영화에서처럼 두루마리 컴퓨터가 상용화되면, 저렴한 비용으로 생산 설비를 갖출 수 있을 뿐 아니라 생산 규모도 쉽게 조절할 수 있어. 막대한 비용 투자를 감수해야 하는 기존의 공장 생산 방식 대신 두루마리 가공 기술이 이용되고, 그래서 대량 생산이 가능해진다면……. 앞으론 컴퓨터 값이 껌값이 될 수도 있다는 거지. 기다려 봐.

에너미 오브 스테이트

GPS 추적 장치가 가능하긴 한 거야?
— GPS 위성

내 귀에 도청 장치가 있다!
— 도청

관련 단원
고등학교 과학 '과학의 탐구'

비록 오락적인 내용을 담고는 있지만, 국가 정보 기관이 첨단 기술을 이용해서 개인의 사생활을 감시할 수 있다는 오싹한 경고를 하고 있다는 점에서 우리에게 생각할 거리를 주지. 영화 내용처럼 국가 정보 기관의 도청 문제는 민주주의의 표상으로 일컬어지는 미국에서도 심심찮게 논란거리가 되고 있단다.

영화의 줄거리는 의외로 간단해. 국가 안보국(NSA)은 자신들의 도청 행위를 법적으로 승인하는 데 반대하는 국회 의원을 살해해 버려. 국가 안보국이 뭐하는 데냐고? 〈이레이저〉에서 설명했으니까 찾아봐.

에, 그런데 그 살해 장면이 우연히 비디오에 찍히게 돼. 당연히 그 비디오테이프 속에는 범인의 얼굴이 담겨 있고. 그래야 영화가 되지 않겠니? 이 비디오테이프가 어찌찌어찌하다가 주인공인 로버트 딘의 쇼핑백 안으로 들어가게 된단다. 그 바람에 로버트 딘은 왜 쫓겨야 하는지도 모르는 채 도망을 쳐야 하는 신세가 되지. 애고, 불쌍한 넘…….

도망자 신세가 얼마나 고달픈지는 알고 있지? 신용 카드는 이미 정지돼서 사용할 수가 없고, 전화도 상대방의 전화번호를 누르는 순간 위치

네가 지금 책상 앞에 앉아 뭘 하고 있는지 다 알지롱.

가 노출되니까 쓸 수가 없어. 더 기가 막힌 건, 옷과 신발에 은밀히 부착된 GPS 추적 장치 때문에 어디를 가든 허겁지겁 달아나기 바빠서 별의별 쇼를 다 하게 된다는 거야.

그러다 다행히 전직 국가 안보국 요원의 도움으로 겨우 위기에서 벗어나게 돼. 그 덕분에 대부분의 액션물들처럼, 이 영화도 해피 엔딩으로 끝을 맺게 된단다. 영화니까 해피 엔딩이지, 실제로 나에게 이런 일이 일어난다면 얼마나 끔찍하겠니?

우리 나라도 2002년 가을, 도청과 감청 및 개인 정보 유출 등의 문제로 한동안 떠들썩한 적이 있어. 중요한 정보들이 모두 도청되네 마네, 철저하게 비밀을 지켜야 하네 어쩌네 하면서.

물론 어떤 이유에서든 개인의 정보가 유출되어서는 안 된다고 생각해. 하지만 정치적·군사적 목적을 위해서 어쩔 수 없이 도청이나 감청을 해야 하는 국가 기관들이 있잖니? 물론 비밀리에…….

국군의 날이 지나고 얼마 되지 않았을 때였던 걸로 기억해. 2002년 10월 4일이었던가? 국방 위원회 국정 감사장에서 모 육군 소장이 "여기에 다 있습니다."라며 소위 '블랙북'이란 걸 손에 쥐고 흔들었지.

이 사람은 대북 통신 감청 정보를 총괄하고 있는 모 부대의 부대장이었어. 이 부대는 서해안 휴전선 바로 밑에서 북한군의 무선 통신을 감청하는 비밀 정보 부대야.

이 때 처음으로 이 부대의 존재가 일반인들에게 알려졌단다. 또 이 사람이 손에 쥐고 흔들었던 '블랙북'은 대외적으로 결코 공개해서는 안 되는 1급 군사 기밀이었지. 비밀 유지를 생명으로 하는 정보 부대의 부대장께서 1급 군사 기밀을 아무렇지도 않게 까발리면 우리 나라 군사 기밀은 누가 지키나?

이 사건에 대해 한 국방부 고위 관계자는, "다른 것도 아니고 비밀 정보를 취급하는 장군이 정보 사항을 공개하는 사태를 보고 눈물이 다 나왔다."고 말할 정도였지.

이 일로 가장 피해를 입은 것은 역시 그 비밀 부대야. 대북 통신 감청 부대로서 그 존재와 업무가 만천하에 드러났으니, 그 동안 해 온 암호 해독 등의 활동에 큰 타격을 입을밖에……. 그 부대의 존재를 알아 버린 이상, 어느 바보가 과거와 똑같은 암호로 정보를 교환하겠니?

결국 십여 년 간 쌓아 온 기술이 물거품이 될 가능성이 높아진 거지. 높으신 분의 신중하지 못한 말 한마디가 이렇게 큰 파장을 불러올 줄이야. 이 모든 게 다 우리의 정보 유출 불감증이 낳은 우연찮은 결과일 테지만.

GPS 추적 장치가 가능하긴 한 거야?

이 영화에서는 로버트 딘을 추적하는 데 첨단 장치인 GPS가 동원된단다. 딘의 옷이나 소지품에 각종 위치 센서와 도청 장치들이 숨겨져 있어서, 국가 안보국은 딘이 어디에 있든지 간에 귀신같이 찾아내곤 하지. 어느 정도냐 하면 호텔 내에서 이넘이 몇 층에 있는지, 또 어디로 이동하는지까지 훤히 알아낸단다.

그런데 진짜로 이렇게까지 추적할 수 있을까? 이게 가능한지 알아보기 위해서는, 우선 GPS가 뭐하는 넘인지부터 짚고 넘어가도록 하자.

GPS란 'Global Positioning System'의 줄임말이야. 우리말로는 '지구 위치 표시계'라고 대충 뭉뚱그려 표현할 수 있겠지. GPS는 원래

1970년대 초 미국 국방부가 지구상에 있는 모든 물체의 위치를 추적하기 위해 60억 달러를 들여서 만든 군사 목적용 시스템이었어.

GPS 위성 추적 장치……. 거, 사람 스타일 무진장 구기게 하네.

그러다가 오늘날은 이러한 시스템을 민간에까지 개방하여 사용하고 있지.

GPS 시스템은 24개(보충 위성 3개까지 포함하면 27개)의 위성으로 구성되어 있어. 위성들이 22,000km 상공에 있는 6개의 원 궤도에 원자 모형처럼 분포돼 있단다.

GPS 위성은 지구상의 어떤 위치에서 보든, 최소한 4개 이상의 위성은 보이도록 설계돼 있어. 각각의 위성들은 자신의 위치와 함께 3만 6천 년에 1초 가량의 오차를 갖는 시간 정보를 지상으로 보내지. 이 정보를 GPS 수신기라는 것을 이용하여 받으면, 전 세계 어느 곳에서든 자신의 위치를 정확히 파악할 수 있단다.

비유를 한다면 GPS 위성은 하늘에 떠 있는 라디오 방송국이고, GPS 수신기는 라디오가 되는 거지. GPS가 보내는 위치의 정확도는 위성이 보내는 신호가 민간용인가 군사용인가에 따라 약간의 차이가 있어. 민간용은 수평과 수직의 오차가 20m 정도이고, 군사용은 15m 정도라고 보면 돼.

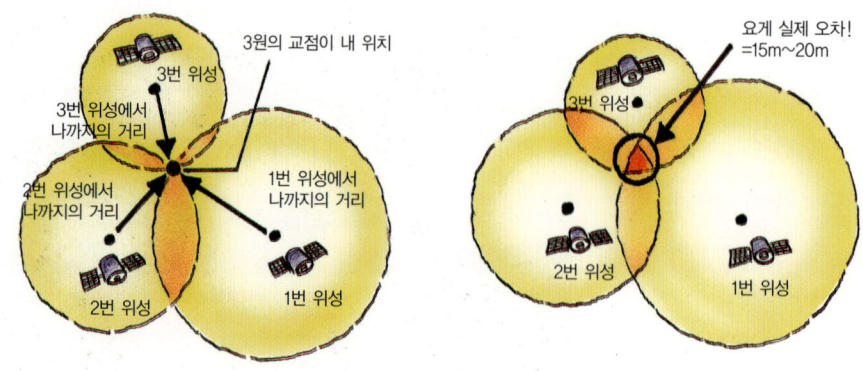

그러면 GPS 위성으로 어떻게 내가 있는 곳의 위치를 정확히 알 수 있을까? 생각보다 아주 쉽단다. 아까 지구상의 어느 곳에 있더라도 최소한 4개의 GPS 위성은 보인다고 그랬지? 이 때 GPS 수신기는 그 중 3개의 위성에서 받은 신호를 바탕으로, 각각의 위성에서 내가 있는 곳까지의 거리를 계산하는 거야.

그리고 각각의 위성을 중심으로 하는 3개의 원을 그리는 거지. 물론 반지름은 아까 계산된 나와 위성까지의 거리지. 말하자면 3개 원의 교점이 내 위치가 되는 거야. 쉽지? 그러나 실제로는 이 3개 원의 교점이 꼭 일치하지는 않아. 조금씩 어긋나게 되거든. 이걸 바로 오차라고 하는 거란다. 위의 그림을 보면 좀더 쉽게 이해할 수 있을 거야.

지금까지 GPS 위성이 무엇인지를 알아봤으니까, 이번에는 영화에 등장하는 GPS 발신 장치에 대해 살펴보도록 하자. 이넘의 원리를 간단히 표현하면 'GPS 수신기+휴대폰'이라고 할 수 있어. GPS 위성으로 정보를 받은 후 계산된 위치를 휴대폰으로 알려 준다고 보면 딱 맞지.

이 GPS 발신 장치는 실제로 많이 사용되고 있어. 멸종 위기에 처한 동물들에게 매달아 두고 언제라도 필요한 때에 그 위치를 파악한다든가, 또 철새의 이동 경로를 파악한다든가 할 때도 긴요하게 쓰이지. 그 외에 어린이나 노인 등의 노약자가 긴급 상황에 처했을 때, 이 GPS 발신 장치의 버튼 하나만 누르면 즉시 구조 요원이 출동하는 안전 시스템에도 사용되고 있단다.

GPS 수신기에 나타난 위도 및 경도의 위치와 시간

아참, 모 통신 회사가 제공하고 있는 길 안내 서비스도 이 GPS 발신 장치를 사용해. 차량의 현재 위치를 GPS 수신기가 내장된 휴대폰을 통해서 기지국으로 보내면, 목적지까지의 최단 거리를 안내해 주는 거야.

결국 이 GPS 발신 장치를 사람이든 동물이든 자동차든 목적에 맞는 대상에 달아 두기만 하면, 이 영화에서처럼 감시하고자 하는 대상의 이동 경로를 쉽게 알 수 있는 거지.

지금까지 알아봤듯이 이 영화에서 묘사한 GPS 발신 장치의 기능에는 아무런 문제가 없어. 그러면 뭐가 문제냐고? 음, 위성에서 보내는 GPS 신호의 세기지. 실제 GPS 신호는 워낙 약하기 때문에, 영화에서처럼 건물 내부에 있는 사람의 움직임을 파악하기란 어려워. 건물 내에선 GPS 위성의 신호를 받는 게 거의 불가능하거든.

GPS 수신기를 창문 안쪽으로 2~3m만 들고 들어가도 신호가 잡히질

저, GPS 추적 장치가 건물 안에선 아무 소용이 없다는데요?

않아. 고층 건물 사이에서도 GPS 신호 수신이 어렵다는군. 결국 이 영화에서처럼 국가 안보국이 딘의 몸에 GPS 추적 장치를 아무리 덕지덕지 붙여 놓아도 아무런 소용이 없다는 거지. 딘이 건물 안으로 들어가 버리면 신호가 잡히지 않으니까. 그런데도 영화에서는 딘을 정말로 잘 추적하지 않니? 이건 GPS 위성으로 밥 먹고 사는 사람들을 우롱하는 처사지. 그렇고말고.

내 귀엔 도청 장치가 있다!

이것도 생각이 날는지 모르겠다. 한참 전 얘긴데 말야. MBC 9시 뉴스 진행 도중에 정신이 잠시 외출한 넘 하나가 냅다 뛰어들어와선, "내 귀엔 도청 장치가 되어 있다!"라고 외쳤던 거. 물론 실제 상황이었지.

당황한 관계자가 달려들어 이넘을 냉큼 끌어내잖아.

당시만 해도 그냥 일회성 사건으로 흘려보냈던 것 같은데, 요즘엔 실제로 그런 일이 일어날 수도 있겠단 생각이 들 정도로 도청이 일상화돼 있지. 도청이란 말 그대로 남의 말을 몰래 엿듣는다는 거야. 두말할 필요 없이 불법이지.

진짜 내 귀엔 도청 장치가 있다!

그러나 이 영화에서는 국가 안보국에서 아무런 제약 없이 딘의 전화는 물론 집 안이나 사무실 등을 불법 도청하여 정보를 얻잖니? 그러면 이번에는 첨단 도청 방법에는 어떠한 것들이 있는지 한번 알아볼까?

이론상으로는 휴대폰도 도청이 가능하단다

흔히 우리 나라 휴대폰은 CDMA 디지털 전화이기 때문에 도청이 불가능하다고 하는데, 이런 생각은 '아니올시다' 란다. 휴대폰은 '휴대폰-기지국-기지국-휴대폰' 으로 연결되는 신호 전달 과정을 거치거든.

CDMA 휴대폰은 여기서 디지털로 암호화하는 과정을 한 번 더 거쳐. 쉽게 말해서 이용자가 휴대폰을 이용해서 통화를 시작하면, 이 목소리는 암호화된 디지털 신호로 변해서 기지국으로 전달된다는 거지.

예를 들어 볼까? 만약 이용자가 '아' 라는 발음을 하면, 이것은 '0101' 이라는 숫자로 바뀐다는 거야. 이것을 암호화라고 해. 사실 이 암호를 풀면서 도청하려면 슈퍼컴퓨터를 사용한다 해도 몇 년은 걸린다고 해.

왜냐 하면 암호화된 '아' 음절을 풀 확률은 0.000000813%거든. '0' 이 몇 개인지 한번 세어 보렴. 근데 휴대폰의 통화 내용이 '아' 라는 음절

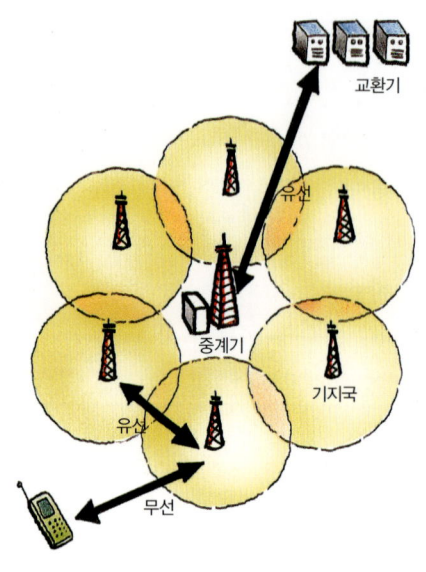

교환기

유선

중계기

기지국

유선

무선

하나로 끝나는 것도 아니고……. 통화를 아주 간단히 해서 몇 십 음절로 끝난다 해도, 통화 내용을 풀 확률은 엄청나게 적어질 수밖에. 결국 CDMA 휴대폰을 도청한다는 건 현실적으로 거의 불가능한 일이라고 봐 야지.

그렇지만 전혀 불가능하다고만은 할 수 없어. 휴대폰을 제조하고 있는 우리 나라의 S전자나 이동 통신 기술을 연구하는 ○○연구소에서 마음 만 먹는다면 도청 장비를 손쉽게 개발할 수도 있다고 해.

그 친구들은 휴대폰 통화 내용이 어떤 식으로 암호화되는지를 다 알고 있잖아. 물론 엄청난 비용과 시간 때문에 경제적으로 도저히 타산이 맞 지 않겠지만.

어쨌든 가능성은 있다는 얘기야. 만약 테러 집단이나 정부 기관이 특 정한 목적(?)을 위해서 막대한 돈을 쏟아 붓는다면, CDMA 휴대폰의 도청도 아주 불가능한 것은 아니란 말씀이지.

최근 들은 뉴스에 의하면, CDMA 도청 장치가 미국에서 개발되어 우리 나라에 들어왔다는데⋯⋯. 불행 중 다행인지 다행 중 불행인지, 아직까지는 그러한 장치를 봤다거나 들었다는 사람은 없어.

하지만 머지않은 장래에 그러한 도청 장치가 소리 소문 없이 등장할 가능성은 충분히 있지. 그렇게 되면 그넘이 우리 생활 속으로 슬그머니 기어 들어와서는, 우리도 모르는 사이에 우리의 사생활을 엿듣는 끔찍한 일이 벌어질지도 몰라.

레이저로 도청을?

레이저 도청은 스파이 영화의 단골 메뉴였던 만큼 이미 많은 사람들에게 알려져 있어. 사람들이 그만큼 공포심을 느끼고 있다는 것이기도 하고⋯⋯. 가령 어느 빌딩의 사무실에서 중요한 회의가 열리고 있는데 외부인은 접근할 수는 없는 상황이라고 치자. 그럴 경우, 맞은편 빌딩에서 레이저를 이용해서 회의 내용을 충분히 엿들을 수 있단다.

레이저 도청 장치의 원리란 이런 거야. 음, 어떤 장소에서 회의가 열리면 참석자들이 말을 할 거 아냐. 그 때 사람들의 목소리로 말미암아 유리창이 미세하게 진동하는데, 레이저를 쏘아서 이 진동을 감지해 낸 뒤 되돌아오는 파장을 통해 음파를 검출해 내는 거야. 이것을 음성으로 변환하면 작업 완료!

아무리 생각해도 이걸 개발해 낸 넘은 머리가 아주 좋은 것 같아. 생각할수록 감탄스러워. 레이저 장비의 값이 워낙 비싸서, 우리 나라에서는 아직 사용된 예가 없다고 해. 하지만 미국에서는 이미 사용되고 있다더군.

이 레이저 도청기는 반경 약 250m 거리 안에서만 도청이 가능한데,

레이저 도청 장비만 있으면 이렇게 고생하지 않아도 되는데……

실내에 도청 장치를 설치하지 않고도 외부에서 필요한 시간에 수시로 정보를 빼낼 수 있다는 데에 문제의 심각성이 있지. 도청 여부를 점검하는 보안 검색에서도 그 존재를 파악하기 어렵다고 하잖니?

일반 전화 도청을 막아 주는 비화기

2002년 우리 나라 국정원에서 어느 고위급 인사에 대한 전화 도청을 하네 마네 하고 떠들어 댈 때였어. 당시 야당 총수였던 분이 이런 말을 해서 눈길을 끌었지.

"그 동안 도청에 대한 우려 때문에 휴대 전화를 서너 개씩 들고 다녔지만, 이젠 비화기가 장착된 휴대 전화를 입수해서 걱정 없이 통화할 수 있게 됐다."

그런데 비화기라는 넘이 뭐냐고? 음, 이동 전화의 디지털 암호화와 마찬가지로 음성 신호를 암호화하는 넘이야.

전화기나 무전기에 이 비화기를 부착하면, 음성 신호를 디지털 신호로 만든 뒤 여기에다 암호를 붙여 준단다.

나, 비화기. 근데 덩치가 만만치 않아서 폼이 좀 안 난다는 게 흠이야.

그리고 암호화된 정보를 마구마구 뒤섞어 상대방에게 보내면, 이것을 제삼자가 도청한다고 하더라도 암호 때문에 원래대로 복원해 내지 못하게 돼.

하지만 받는 쪽에서 전화기에 똑같은 비화기를 달아서 미리 약속된 암호를 풀어 재생하기만 한다면 충분히 도청할 수 있지. 결국 이넘은 쌍방 전화기에 모두 설치를 해야만 통화도 가능하고, 또 제삼자의 도청도 막을 수 있다는 거야.

이렇게 정치하시는 분들 쪽에서 도청 관련 자료가 잇따라 폭로되면서 도청 공포는 어느새 사회 전 분야로 확산됐지. 도청에 관한 논란이 거듭되면서 사실 여부를 떠나 서로 불신하게 되고, 또 급기야는 사회 전체에 대한 불안 의식으로까지 번져 나갔으니까.

이러한 현실을 뼈아프게 느끼지 않을 수 없지. 그래서 일상 생활 속에서 실천할 수 있는 도청 예방법을 친절히 일러줄 테니, 혹시라도 자신이 도청당하고 있는 듯한 느낌이 들면 따라해 보셔.

1. 기본적으로 휴대폰으로는 중요한 대화를 하지 마. 공중 전화를 사용하는 게 더 안전하단다.

2. 휴대폰의 복제를 막기 위해서는 가급적 딴 님에게 휴대폰을 빌려 주지 말아야 돼. 그리고 분실이나 도난시에는 즉시 이동 통신 회사로 연락해서.

3. 잘못된 전화가 왔거나, 전화를 건 쪽에서 아무 말도 하지 않을 때에는 반드시 상대가 먼저 전화를 끊도록 해. 일부 특수 도청기는 자신이 전화를 끊는 순간부터 작동되기도 하거든.

4. 갑작스럽게 TV 화면이 흔들리거나 가로줄이 생긴다면, TV 근처나 콘센트 안에 도청기가 설치되어 있을 가능성이 높아.

5. 호텔 내의 객실 전화로는 중요한 통화를 하지 마셔. 어쩔 수 없는 경우엔 라디오나 TV 볼륨을 크게 해 놓고……. 꼭 호텔이 아니더라도 조용한 곳에서는 중요한 대화를 피하는 게 좋을걸?

6. 전기 설비나 전화 회선 점검시 점검자의 신분을 철저히 확인해야 하고, 점검할 때에는 옆에 서서 지켜보도록.

7. 집이나 사무실에 손님이 찾아오면, 단 1분이라도 혼자 있게 하지 마. 도청기 설치는 10초면 충분하거든.

8. 회의나 중요한 대화를 할 때는 꼭 유리창에 블라인드나 커튼을 치고 해. 그게 싫다면 레이저 도청 방지 장치를 하든가.

9. 잠시라도 자리를 비울 때는 꼭 문을 잠그고 이동해. 자리에 돌아왔을 때, 누군가 다녀간 듯한 느낌이 들면 지체 없이 도청 탐지 업체에 의뢰해서 확인을 받도록 하고…….

10. 이렇게 했음에도 불구하고 도청이 된다면 그냥 팔자려니, 해야지 뭐.

▶▶전 세계를 감시하는 눈, 에셜론

너희들의 이메일도 안전하지 않아.

이 영화에서처럼 도청은 우리의 생활 주변에서 어렵지 않게 찾아볼 수 있어. 그러니까 늘 말조심하면서 살아야 돼. 누군가 지금도 너희들을 지켜보고 있을지도 모르거든. 말만 들어도 섬뜩하지? 흐흐흐.

하긴 우리가 친구들한테 하는 전화까지도 도청을 하는 전 세계적인 기구가 있는데, 뭘. 그렇다고 그렇게 깜짝 놀랄 필요는 없어.

그들이 그런 능력을 가지고 있다는 것이지, 실제로 매일같이 너희들의 통화 내용을 도청하고 있다는 얘기는 아니니까. 그 사람들이 그렇게 한가할 리가 없잖니? 명색이 비밀 단체인데…….

그넘의 정체가 뭐냐고? 음, 이름은 에셜론(ECHELON)이라고 해. 냉전 시대 때 미국이 공산권의 정보를 빼내는 데 이용했던 정보 감시망이었어.

여러 종류의 통신을 전 세계적으로 가로채는 것이 가능하다지, 아마. 전화는 물론 이메일, 인터넷 다운로드, 위성 송신 등등을 포함하여, 매일 30억 건 이상의 통신을 가로챌 수 있다고 해.

에셜론 시스템은 모든 전파 송신을 무차별적으로 수집하여, 첩보 프로그램을 통해 가장 핵심적인 정보만을 추출할 수 있다지? 국제 전화나 전자 우편 내용을 주요 단어나 메시지 형태로 검색한 뒤, 추적이 필요하다고 판단되는 정보는 세계 곳곳에 위치한 NSA 정보 지국으로 보낸대.

가령 '법 · FBI · 백악관 · 폭파 · 공격 · 플루토늄 · 핵 · 도청' 이라는 단어가 내용 중에 있으면 즉각 분석 대상이 되는 거야.

또 인터넷에 흘러 다니는 전송 내용들 중에서 약 90%를 걸러 내는 기능도 가지고 있다더군.

이렇게 전 세계적으로 수집한 정보는 다시 적도 상공을 돌고 있는 스파이 위성을 통한 뒤, 미국 메릴랜드 주에 있는 NSA 본부로 보내진다고 해.

유럽 지역을 관할하는 정보 지국은 영국 멘위스힐에 있는 것으로 알려져 있지만, 나머지 지역의 정보 지국 위치는 아직도 비밀에 싸여 있단다.

그러나 미국은 지금까지도 에셜론의 실체를 공식적으로 부인하고 있어. 물론 그넘들 빼곤 아무도 이 사실을 믿지 않아.

결국 그 누구든 전 세계적으로 퍼져 있는 에셜론의 그물망을 피해 다닌다는 것은 불가능하다고 봐야 해.

그리고 에셜론의 도청 기술이 발전하면 할수록, 이 글을 쓰고 있는 나나 이 글을 읽고 있는 너희들이나 사생활을 존중받기 어려워지겠지.

과학이 영화에 빠진 날

미용실에 머리를 손질하러 갈 때마다 흔히 겪는 일이 있다. 헤어 디자이너와 이런저런 얘기를 나누다가 우연찮게 직업이 교사라는 말을 하게 되면, 곧장 "어떤 과목 선생님이세요?"라는 질문을 받는다. 과학 교사라고 대답을 하면, 십중팔구 이런 말이 돌아온다.

"어머, 과학이요? 나, 학교 다닐 때 과학 참 싫어했는데…… 그 어려운 걸 어떻게 하세요?"

맥이 탁 풀리는 순간이다. 따지고 보면, 그들이 미용실에서 매일같이 손님들의 머리에다 하는 갖가지 종류의 파마도 산화 환원 작용이라고 하는 과학의 원리를 이용한 것이건만…… 어찌하여 우리 나라의 많은 이들은 학교 때 과학을 재미나게 배운 기억이 없단 말인가.

아마도 과학이 생활 속에 녹아들어 짬뽕이나 섞어찌개가 되지 못하고, 언제나 따로국밥이 되어 왕따를 당하고 있는 현실 때문이 아닌가 싶다.

과학은 늘 우리 곁에서 숨쉬고 있다. 우리가 즐겨 먹는 음식 속에, 우리가 아침저녁으로 드나드는 화장실 속에, 우리의 발이 되어 주고 있는 지하철 속에, 우리가 쉼 없이 들이마시고 내쉬는 숨 속에, 아이들의 밝은 웃음과 어우러진 놀이 문화 속에 과학의 원리들은 빼곡히 들어앉아 있다.

이러한 것들을 우리 청소년들에게 어떻게 찾아 줘야 할까? 이 문제에 관해 퍽 오랫동안 고민했었다. 결론은 영화였다. 청소년들이 친근감을 느끼기로는 영화만한 게 없으니까.

게다가 〈태극기 휘날리며〉로 한국 영화도 1천만 관객을 동원하는 시대를 열었지 않은가. 영화가 누리는 인기와 영향력을 생각하면, 과학과 생활의 간격을 좁혀 주는 매개체로서 더 이상의 것이 없으리라는 판단이 들었다.

이런 생각으로, 몇 년 전부터 뜻 맞는 선생님들과 함께 영화를 과학 수업에 끌어들이는 방안을 궁리해 왔다. 그 인연으로 지금 이 책을 감수하고 추천사까지 쓰게 되었다.

이 책은 영화 속의 과학을 잘 끄집어 낸 뒤, 맛있게 요리해서 먹기 좋게 차려 놓은 식탁과 같다. 평소 재미있게 보았던 〈매트릭스〉나 〈소림 축구〉 같은 영화들을 떠올리면서 책을 읽어 내려가다 보면, 어느덧 과학의 원리가 딱딱한 교과서를 벗어나 친근하게 다가오는 것을 느낄 수 있다.

저자는 〈딴지일보〉의 과학부 기자였던 이력에 걸맞게 걸쭉한 입담으로, 한 보따리의 이야기 속으로 독자를 빨아들이는 흡인력을 과시한다. 친한 동네 언니의 수다를 듣는 듯 편안하고 쉽게 첨단 과학의 내용을 풀어 나가면서 영화 속의 과학적 오류들을 수정해 준다. 뿐만 아니라 새만금과 같은 환경 문제나 핵 문제, 정보 인권 문제 등 과학이 사회에 미치는 영향에 대해서도 생각할 기회를 준다.

21세기 과학 기술 사회를 살아갈 우리 청소년들이 과학적 소양을 바탕으로 과학과 기술이 사회에 미치는 영향에 대한 책임감을 가지게 될 때 진정 우리네 삶의 질을 높일 수 있으리라.

이 책을 통해 청소년들이 과학의 눈으로 영화를 보는 '즐거움'을 느끼고, 과학에 관한 '호기심'과 미래에 대한 꿈을 찾게 되길 바란다. 영화와 과학이 만났을 때, 영화의 감성이 가슴을 적시고 과학적 사고가 머리를 때리는 즐겁고 신나는 경험으로 이어져서 과학의 본질인 호기심과 상상력으로 자라나길 기대하며……. 마지막으로 내가 좋아하는 홍상수 감독의 영화를 엮어 이렇게 외쳐 본다.

과학이 영화에 빠진 날, 영화의 힘으로 과학을 재발견해 보자. 과학은 우리의 미래다. 오! 과학~

한문정
(영화로 과학을 생각하는 사람들 회원, 숙명여고 과학 교사)

푸른숲의 청소년 책

인문 교양

삐딱하고 재미있는 세계 탐험 이야기

진 프리츠 | 이용인 옮김 | 변형 국판 | 값 8,500원

대항해 시대를 연 엔리케 왕자에서 세계 일주
에 성공한 마젤란까지, 15세기 무렵 지리상의
발견과 식민지 건설을 이뤄낸 탐험가 10명의
이야기. 기존의 서양 편향적인 시각에서 벗어
나, 정복한 쪽과 정복당한 쪽의 상반된 입장을
균형 잡힌 시각으로 담아내고 있다.

2004 전교조 권장 도서

말랑하고 쫀득한 세계 지리 이야기

**케네스 C. 데이비스 | 최달수 그림 | 노태영 옮김 | 변형 국판 |
값 8,000원**

우리가 사는 별, 즉 지구에 관한 모든 것을 담
고 있는 책. 전체적으로 문답 형식을 띠고 있
으며, 지구의 특징을 비롯해서 생태계, 지도의
제작, 그리고 각각의 대륙에 관한 이모저모를
다채롭고도 흥미롭게 풀어내고 있다.

야릇하고 오묘한 그리스 신화 이야기

빌리 페르만 | 정초일 옮김 | 변형 국판 | 값 9,000원

'그리스 신화'의 축을 이루는 신과 영웅들 중
에서도 특별히 청소년들에게 귀감이 될 만한
인물들만 모아 엮었다. 저자의 목소리를 강하
게 내세우기보다는, 서양 문명의 모태가 된 그
리스 신화를 청소년들 스스로 해석해 볼 수 있
도록 유도하는 데 집중하고 있다.

울퉁하고 불퉁한 우주 이야기

**케네스 C. 데이비스 | 최달수 그림 | 노태영 옮김 | 변형 국판 |
값 8,800원**

고대 점성술의 시대로부터 국제 우주 정거장
을 짓고 있는 오늘날까지, 인간이 저 하늘의
비밀을 캐내려고 갖은 애를 다 써 온 우주 탐
사의 역사를 한눈에 보여 준다. 우주에 관한
기초 지식들은 물론, 블랙홀과 빅뱅, 퀘이사,
중성자별, 암흑 물질, 국제 우주 정거장, 화성
탐사 등 최신 정보들까지 한데 아우르고 있다.

지오그래피

케네스 C. 데이비스 | 이희재 옮김 | 신국판 | 값 13,000원

우리의 삶과 밀접하게 관련된 지리에 대한 교
양 상식을 다루고 있는 책으로, "지리는 누가
발명했는가?"와 같은 지리학적인 의문부터,
"열대 우림과 정글의 차이는 무엇인가?" 등 누
구나 궁금하게 생각했던 것들을 알기 쉽고도
흥미로운 문장으로 풀어내고 있다.

우주의 발견

케네스 C. 데이비스 | 이충호 옮김 | 신국판 | 값 17,000원

별자리와 점성술에서 우주 탐사의 미래까지,
우리가 우주에 대해 알아야 할 모든 것을 다루
고 있다. 복잡한 이론과 방정식 대신 인간의
이야기로 채워진 새로운 천문학 개론서! 케플
러와 뉴턴, 조지 가모브 등 역사에 이름을 남
긴 과학자들과 그들이 찾아낸 우주의 비밀을
파헤친다.

2003 과학기술부 인증 우수과학도서 | 2003 책따세 추천 도서

선생님들이 직접 겪고 쓴 독서교육 길라잡이

책으로따뜻한세상을만드는교사들 | 변형 4·6배판 | 값 13,000원

책따세 선생님들이 교육 현장에서 직접 독서
지도를 하면서 얻은 성과를 정리한 책으로, 학
생들의 눈높이에 맞춘 독서 교육 방법과 지도
사례, 독서 교육의 중심지인 학교 도서관
100% 활용 방안 등이 생생히 담겨 있는 독서
교육 지침서.

2002 한국출판인회의 추천 도서

철학의 모험

이진경 | 신국판 | 값 12,000원

《수학의 몽상》의 저자 이진경의 철학 입문서.
스스로 사고하는 능력을 기르는 데 매우 유용
한 책으로, 데카르트 이후 주요 근대 철학자들
의 철학 개념이나 사고 방식을 다양한 소재를
통해 하나하나 짚어 가면서 스스로 사고하려
면 어떤 태도가 필요한지를 알려 주고 있다.

2003 경기도교육청 독서경시대회 선정 도서

소설

여름이 준 선물

유모토 가즈미 | 이선희 옮김 | 변형 국판 | 값 7,500원
죽음에 대해 호기심을 갖게 된 세 아이와 무력하기 짝이 없는 한 할아버지가 만나 우여곡절을 겪은 끝에, 서로간의 애정을 나누게 되면서 인간 존재와 삶의 소중한 가치를 깨달아 가는 이야기.

2003 책따세 추천 도서 | 2003 중앙일보 행복한 책읽기 선정 도서

포플러의 가을

유모토 가즈미 | 양억관 옮김 | 변형 국판 | 값 7,500원
아버지의 죽음으로 상처 입은 한 소녀가, 자신보다 더 죽음에 가까이 가 있는 포플러 장할머니의 도움으로 마음의 상처를 치유해 가면서 새 삶으로 나아가는 용기를 갖게 되는 이야기.

2003 어린이도서연구회 청소년 추천 도서 | 2003 국민독서문화진흥회 권장 도서 | 2004 한우리독서운동본부 권장 도서

봄의 오르간

유모토 가즈미 | 양억관 옮김 | 변형 국판 | 값 7,500원
할머니가 죽은 후 계속되는 악몽과 몸에 찾아든 사춘기의 변화 속에서 혼란을 겪던 한 소녀가, 버려진 고양이를 돌보면서 자신의 정체성을 찾아가는 이야기.

허삼관 매혈기

위화 | 최용만 옮김 | 신국판 | 값 8,000원
중국 제3세대 소설가 위화의 세 번째 장편 소설. 1996년 출간되자마자 중국 독서계를 뒤흔들며 베스트셀러 수위에 오른 이후, 수년이 지난 지금까지 부동의 자리를 차지하고 있는 문제작이다. 이 작품에서 작가는 살아가기 위해 그야말로 목숨을 내걸고 피를 팔아야 하는 한 남자의 고단한 삶을, 희비극이 교차하는 구조적 아이러니로 정교하게 풀어내고 있다.

에세이. 자기 계발

성공하는 10대의 비밀 노트

토마스 비케 | 장혜경 옮김 | 변형 국판 | 값 8,300원
늘 시험과 시간에 쫓기는 10대를 위한 자기관리 지침서. 우리 청소년들이 생활 속에서 부딪히는 순간순간들을 자신의 의지와 노력으로 멋지게 꾸려 갈 수 있는 힘을 길러 주는 책이다.

한비야의 중국견문록

한비야 | 신국판 | 값 8,800원
중국어 연수를 위해 베이징으로 건너간 '바람의 딸' 한비야가 베이징 거리 구석구석을 누비며 만난 사람들과 그들의 사회 풍습, 또 그 속에서 깨달은 '내 안'의 이야기들이 담겨 있다.

2001 중앙일보 선정 청소년 추천 도서 | 2001 한국출판인회의 추천 도서 | 2002 책따세 추천 도서 | 2002 교보문고 추천 도서 | 2004 전교조 권장 도서

바람의 딸, 우리 땅에 서다

한비야 | 신국판 | 값 7,900원
지난 6년 간 현대 문명의 손길이 닿지 않은 전세계 65여 개국의 오지를 찾아다녔던 저자가 전라남도 해남 땅끝마을에서 강원도 통일전망대까지 200여 리에 이르는 한반도를 두 발로 걸어 다니며 써 내려간 글이다. 책 말미에는 도보 여행의 기본 장비 및 잘 걷는 법, 추천 도보 여행 코스 등을 상세히 기술해 도보 여행자들에게 좋은 길잡이가 되고 있다.

영혼을 위한 닭고기 스프

잭 캔필드 외 | 류시화 옮김 | 신국판 | 전2권 | 각권 값 8,800원
우리가 세상을 살아가면서 잃어버리기 쉬운 꿈과 행복을 어떻게 지키고 살아야 하는가를 보여 주는 1백여 편의 감동적인 이야기 모음.

전 세계 27개국에 번역 출간된 화제작 | 전국 서점 비소설 부문 베스트셀러!

감수

한문정_서울대학교 화학교육과 및 동 대학원 졸업. 현재 숙명여고 과학 교사.
김현빈_이화여대 지구과학교육과 및 동 대학원 졸업. 현재 무학여고 과학 교사.
전경아_이화여대 물리교육과 및 동 대학원 졸업. 현재 대영중학교 과학 교사.

과학 교과서, 영화에 딴지 걸다

첫판 1쇄 펴낸날 2004년 7월 7일
    29쇄 펴낸날 2021년 2월 17일

지은이 이재진
발행인 김혜경   **편집인** 김수진
주니어 본부장 박창희
편집 길유진 진원지 문새미
디자인 전윤정 정진희   **마케팅** 이상민
경영지원국 안정숙
회계 임옥희 양여진 김주연

펴낸곳 (주)도서출판 푸른숲
출판등록 2003년 12월 17일 제406-2003-000032호
주소 경기도 파주시 회동길 57-9, 우편번호 10881
전화 031) 955-1410   **팩스** 031) 955-1405
홈페이지 www.prunsoop.co.kr   **이메일** psoopjr@prunsoop.co.kr

ⓒ이재진, 2004
ISBN 978-89-7184-409-0 43400
      978-89-7184-390-1 (세트)